意志力

An Iron Will

〔美〕奥里森·马登 著

Orison Marden

马文婷 张羽 译

上海文艺出版社 上海故事会文化传媒有限公司

目录
CONTENT

译 序

奥里森·马登博士的《意志力》(*An Iron Will*)于1901在美国首次出版，距今已有百年之久。本书在介绍历史人物的名言轶事的同时，也穿插了一些振奋人心的诗句。因此本书不仅是一本人生指南或励志书，也是一本充满趣味性的、丰富多彩的人物研究著作。而且本书经常提到“现代竞争社会”，对我们这些生活在21世纪的人也是通用的。

被称为“美国成功之父”的马登博士，1850年出生于美国东部新罕布什尔州一个贫困的苏格兰移民家庭。在他年幼时便父母双亡，进入大学后，在学习医学和法学的同时，还成功地经营了一家旅馆，开始了自己的创业。但是苦心经营的旅馆因为火灾和天花病破产了，他不得不从头再来，马登博士在命运沉浮中开始了对成功学的研究。年轻时，马登博士有幸拜读了英国人萨缪尔·斯迈尔斯所著的《自助论》(*Self Help*)一书，奠定了一生的目标。那些自力更生、挑战命运的人们，令他心潮澎湃，决心要成为“美国的斯迈尔斯”。1891年，将研究成果整理后，他出版了第一本书《勇往直前》(*Pushing to the Front*)。这本书成为十大畅销书之一，被25个国家翻译出版。马登在著作中提到了“铸造品格”“勤勉”“忍耐”“自信”“专注”“开朗”等与人生和成功密切相关的主题。直到1924年去世之前，他都在精神矍铄地进行写作，一生出版了四十五本著作。1897年，他创办了被称为创业者圣经的杂志《成功杂志》(*Success Magazine*)，为成功学的确立倾尽全力。杂志的历任总编，如拿破仑·希尔（Napoleon Hill)、奥格·芒迪诺（Og Mandino）也是尽人皆知，自我启发与成功学的领域可谓人才辈出，由此也可看出马登的功绩之大。

马登的成功理论中始终贯彻着“强烈的乐观主义精神”。本书也一如既往地强调了这些简单的道理：成功不是靠才华而是靠坚持不懈的努力，而支撑这份努力的是不屈的意志。书中还提到，“没有意志力的人如同没有蒸汽的蒸汽机”，“一分有意志做支撑的才干胜过十分没有意志支撑的才干”，“有志者事竟成”，等等。所以说，即使才能平庸，只要有意志力作为原动力，通过不懈的努力就能获得成功；反之，不管是怎样的天才，如果不努力，才华也会沦落为无用之物。成功与失败是由意志力的强弱决定的。即使山重水复疑无路，只要鼓足勇气大胆前行，一定能柳暗花明又一村。成功所需要的意志力不是朝夕之间就能拥有的，要尽可能早地进行意志力的锻炼，然后在紧要关头充分发挥和运用这种力量，因此，储备力量才是关键。马登也提到，意志力原本是上帝赐予人类的力量，只有付出相应的努力，人类的存在才有意义。

马登还认为“成功在于贡献社会”。“如果没有坚强的决心和充沛的体力支撑一个人去干一番事，教育也没有意义”，“毫无主见的人对社会没有多大用处”，也指出“个人的钢铁意志不会沦为自私自利的工具，才会有益于人类的发展”。

在其他成功学著作中，马登也在极力主张，建立在他人不幸之上的幸福不是真正的幸福，不能为了世俗的财富牺牲灵魂的财富。在说明杰出人物对周围的影响、以及诚实生活的重要性的其他著作中，他也提到“人品是一切之本”，由此可见马登所主张的“真正的成功”的含义。

本书是写给资历尚浅、即将踏入社会的年轻人看的，但是年轻不在于年龄，这本书也可以说是赠给“想永远年轻的人”的。实际上，书中随处可见历久弥新的真理。比如：“追风逐浪时，若顺风顺水，则一切尚好，一旦风向逆转，那就糟了”；“世人按照我们的自我评价来评价我们”；“自我怀疑难道不是我们最大的敌人吗”；“人们更相信那些相信自己的人”。这些警句想必也会令读者颇为振奋。无论男女老幼，如果正在或将要面临人生的重大抉择，我想都能从马登的思想和伟人的奋斗史中汲取勇气。锻炼意志力并不难。马登对我们说：在日常生活中锻炼意志力吧！我们祈愿这本书能够成为您提升生活品质的契机。

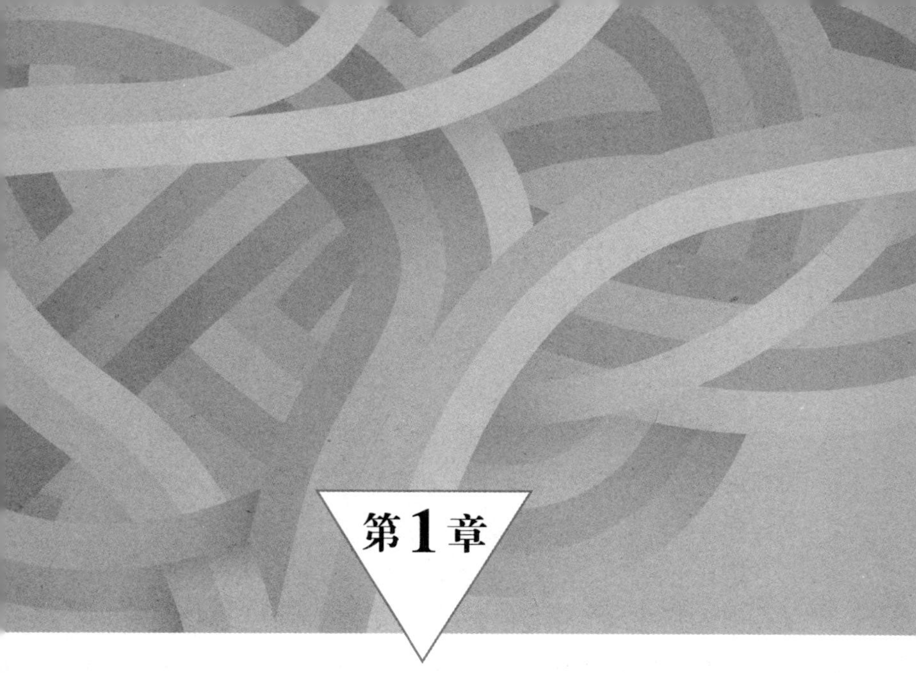

第1章

下定决心“一定要做！”
——磨炼意志

决定人生成功的“意志力”

爱默生说过：“我们存在的目的就是锻炼意志力。”

如果将人的意志与上帝之间的关系联系起来考虑的话，你会觉得这一说法并不过分。此外，约翰·斯图尔特·穆勒也曾讲述了同样的意思：“人格就是定了型的意志。”

撇开上帝这一概念，单就世俗意义而言，意志力的培养和磨炼都是取得成功的关键因素。实际上，意志的力量是难以估量的，因为它属于神性的一部分，是上帝的造物之一。正如“上帝说要有光，于是就有了光”[1]一样，上帝说要有意志，于是人就有了意志。载入史册的丰功伟绩，都是人类意志选择、判断、创造的产物。无论是温和型还是好斗型的男人，是儒雅型还是残酷型的男人，让他们变得不可战胜的正是意志力！威尔伯福斯和加里森、古德伊尔和赛勒斯·菲尔德、俾斯麦和格兰特等，莫不如此。他们贯彻自己的计划，如日月行空，潮水拍岸，可谓势不可当。大多数人之所以失败，并非缺乏教育，也不是没有天赋，而是由于他们缺乏坚定的决心和无畏的意志。

谢尔曼说：“要想对自己的人生运筹帷幄，就必须清楚该如何正确培养、锻炼和运用自己的意志力。”因此，年轻人应该在训练意志方面多下功夫。当今盛行举办各式各样的运动会，如果想要拥有一个优秀运动员身上所具备的那种顽强意志，那就必须通过平时的训练加以培养。

我曾经读到过的一个报道可以很好地说明这一点。它是关于在第一届雅典奥运会的马拉松比赛中夺得冠军的希腊农民——一个叫索蒂里奥斯·卢埃斯[2]的年轻人的故事。

实际上，这位冠军从来没有接受过正规的训练。他丢下手头上的农活儿，默默地接受了参加奥运会马拉松比赛这一神圣使命。不久之后，他便在来自世界各地的陌生人面前为自己的祖国希腊赢得了荣誉。虽然他身边的人都知道他跑得快，但站在奥运会的起跑线上的他还只不过是个默默无闻的挑战者。然而，那天让他成功地战胜对手的并不只是他的超乎寻常的速度。在卢埃斯从家乡阿马鲁西出发的时候，父亲嘱咐他说："索蒂里奥斯，你一定要凯旋！"父亲的话让这位年轻人充满了必胜的信心。老父亲坚信儿子一定能获胜，为了能够亲眼看见儿子获胜的那一刻，他来到了比赛场地。当这位老父亲和他的三个女儿好不容易从人群中挤进来的时候，几乎没有引起任何人的注意。随着场内的欢呼声一浪高过一浪，比赛也进入了高潮。当运动员朝着终点冲刺的时候，年迈的父亲依稀看清了自己的儿子确实跑在了最前面。索蒂里奥斯果然"凯旋而归"了。扣人心弦的比赛结束之后，人

索蒂里奥斯·卢埃斯，摄于 1896 年。

们欣喜若狂地簇拥在这个年轻的农民周围，不知该如何表达自己的崇拜之情。女士们纷纷将鲜花和戒指甚至手表送给他，有个美国女孩甚至将镶着宝石的香水瓶献给了他。王子们紧紧拥抱着这个年轻人，国王更是以军队最崇高的敬礼来迎接他。但是，这个年轻人最为期盼的却是得到另一个人的赞赏。他的目光穿过簇拥在他周围的王室成员和名门闺秀，穿过纷纷伸出手来想和自己握手的乡亲们，穿过赞不绝口的外国人，最终落在了一个老人身上——在兴奋不已的人群中，他的父亲正在拼命往前挤过来。年轻人脸上的表情一下子舒展开来了。当他拥抱着好不容易从人群中挤进来的父亲的时候，年轻的胜利者只说了这么一句话："老爸，您瞧，我实现了您的愿望！"

精神力量是锻炼出来的

运动员为了比赛要进行反复训练，同样，若想在人生的比赛中获胜，也必须砥砺精神。

马修斯教授说："必须经过日复一日、周复一周，甚至月复一月的不懈努力，才能获得心无旁骛、全神贯注地应对眼前难题的能力。要获得这种自制力——完全掌控自己的精神力量，是需要一个循序渐进的过程的。过程长短则取决于个人的精神结构。而一旦获得，回报将会远远大于之前的付出。"

不妨再听听赫胥黎教授是怎么说的吧——"一切教育的可贵之处，就在于它能让人抛开个人好恶去做好他所必须做的事。这是人生必须学会的第一课，无论他多么早就开始了这一课程的学习，恐怕也要到最后才能真正掌握它。"

集中精力做现在该做的事

亨利·沃德·比彻在被问到为何他总是能够做得比别人更多时，他这样回答道：

> 我所做的并不比别人多，甚至还比他们少。同一件事情你们做的时候至少要有三个环节吧：第一个环节是在脑子里设想各种情形，第二个环节是付诸行动，第三个环节则是反省当时应该这样做好还是那样做好。我做起事情来没有那么多环节，而是别无选择，那就是直接付诸行动。

由此看来，比彻牧师之所以做得比别人多，就在于他能够巧妙地驾驭自己的意志力，在关键时候全神贯注并全力以赴，实现目标之后又赶紧着手下一件事情了。看看那些工作出色的人就不难发现，他们都具有相同的特点。也就是说，要想获得人生的成功，其秘诀就在于必须把自己的精力倾注到某一个点，把涣散的精神焦点集中到某一个对象上。

“伤其十指，不如断其一指”
——只有专心致志于一件事情的人才能成功

我们经常看到水库的堤坝漏水这一现象。多数人在精神集中度的培养上就如同这漏水的水库一样，积蓄起来的水大部分没有流进水车就白白流走了，没能完全用于发电。胡思乱想、患得患失，或为一些鸡毛蒜皮的事情沉浸在不安和嫉妒之中，就会使自己的专注力一点点地丧失，好不容易积蓄起来的力量就会慢慢衰竭，成功的希望也会渐渐渺茫起来。因此，重要的是不浪费水库中的每一滴水，要想方设法让它们都流入水车发电。

“天才照耀尘世的光芒，常常只是坚忍品格的反射。”

即便是再微不足道的努力，只要把一点一滴的努力聚集起来，也能取得成功。但在实际生活中，真正能够做到这一点的人又是何其之少啊。缺乏明确的目标，做起事情来或稀里糊涂，或缺乏条理性，又难以持之以恒，是绝对不可能获得成功的。要想获得成功，就必须具有坚定的意志并不懈努力。

要有不依赖他人的勇气

学跑步的诀窍就是去跑步；学游泳的诀窍就是去游泳。同样，锻炼意志的诀窍就是在平时的生活中锻炼意志。某位英国散文家说过：“意志力是在不停地运用之中才变得日益刚强和更加有效的。”也就是说，意志要在实践之中得到强化，在现实生活的磨炼中变得坚强。做事情决不能半途而废，坚持不懈是对一个人的原则和精神力量的考验。

西奥多·凯勒博士说：“令人吃惊的是，很多人都缺乏跑到终点的毅力。他们或许有爆发力，但缺乏耐久力，容易受挫。顺利的时候一切都好，一遇到挫折情绪就会一落千丈。于是，他只能仰仗那些具有顽强意志力的强者，他自己则缺乏自主和创新精神，只会随大流，不敢做出头鸟。”

积蓄力量以俟良机

欲成大事，必先绸缪。积蓄充足的能量，无论何时遇到何种情况都能泰然处之。托马斯·斯塔尔·金[3]在加利福尼亚州见到枝繁叶茂的大树时，脑子里马上联想到它们所蕴藏的力量。他说："一想到那巨大的树干里面装满各种能量，就让人感到十分震惊。延绵不断的山脉孕育出富含铁质的营养物质，起伏多变的丘陵赐予了肥沃的土壤，厚实的云层降下雨雪润泽枝干，千载寒暑的精华悉数纳入根脉。"

要想做出一番惊天动地的伟业，从年轻的时候起就要积蓄能量，并做到将所积蓄的能量发挥自如。俗话说得好：手中有粮，心中不慌。平时积累了足够的知识和能量，一有机会就能最大限度地发挥出来。有一位伟大的学者兼作家这样写道："若我二十岁时知道自己只能再活十年了，我就会在前九年拼命积累知识，到最后一年再放手一搏。"

“I will”——我能！

没有哪两个字具有比“I will”更丰富的内涵了！它如同下国际象棋时大喊一声“将军！”，铿锵有力的声调让人感觉到了力量、深度、坚定、决心、自信、气势、果断、活力和个性。“I will”等于是在雄辩地告诉人们：克服各种困难、毫不妥协地去争取胜利吧！要下定决心，并有能力去完成它。自由地拥抱梦想、勇敢地接受挑战吧！排除万难、勇往直前吧！

常言道：“沉默的人会被遗忘；不思进取的人会被抛弃；停滞不前的人会被打倒、被超越、被碾碎；如果不能变得更加伟大那就会变得渺小；半途而废等于放弃；停止是结束的开始——死亡的先兆。生命在于不断进取，永不止步。”

你，要成为勇者；
用那坚定的毅力
在常年不化的积雪上留下足迹，
冲破深夜的黑暗，
召唤着早晨的阳光。

Be thou a hero; let thy might
Tramp on eternal snows its way,
And through the ebon walls of night,
Hew down a passage unto day.

——帕克·本杰明

译 注

1. 语出《旧约·创世记》第 1 章第 3 节。

2. 索蒂里奥斯·卢埃斯（Sotirios Loues, 1873–1940）：出生于一个贫困的农民家庭。父亲是个卖矿泉水的小贩，卢埃斯帮助其父运水。卢埃斯在第二轮资格赛中名列第五。希腊公众对马拉松比赛热情高涨，这是因为在此之前的田赛和径赛中，希腊运动员未斩获一枚金牌，而且参加该项比赛的运动员中有 13 名希腊人。当卢埃斯第一个跑进体育馆时，全场沸腾，两位王子飞奔上前，陪他跑到终点。总共耗时 2 小时 58 分 50 秒。据报道，卢埃斯只要求国王奖一辆拉水的驴车。夺冠后，同胞们向卢埃斯赠送了大量礼物，包括珠宝和理发店的终身免费服务。卢埃斯是否接受这些礼物，则不得而知。他回到家乡后，再未参加过长跑比赛，过着平静的农民生活，后来当上了一名警官。卢埃斯最后一次在公开场合出现是在 1936 年，那时他接到邀请作为荣誉嘉宾出席在柏林举办的夏季奥运会。在开幕式上，他身着传统希腊服装获得希特勒的接见，并获赠采自奥林匹亚山的象征和平的橄榄枝。卢埃斯在意大利入侵希腊前几个月去世。

3. 托马斯・斯塔尔・金（Thomas Starr King, 1824–1864）：美国一位论派（Unitarian）牧师。金矮小瘦弱，其貌不扬。而立之年看上去像个青年人，但他的精力和魅力使那些以貌取人的人很快改变看法。他在晚年评论道：“虽然我体重只有 120 磅，但在我激情万丈的时候，我重达一吨。”金儿时就露出早熟的迹象，但他的父母还是鼓励他养成勤奋学习的习惯。金童年时就希望像他父亲一样做一名牧师，在 13 岁时就已经公开做了一次布道。但父亲在他 15 岁时去世，使他就读神学院的愿望泡汤。于是，他担负起赡养母亲和抚养弟妹的责任。在爱默生和比彻等人的鼓励下，他开始为担任牧师而自学。20 岁时他接掌父亲生前在教堂中的布道讲坛。内战期间，金在加利福尼亚的政坛上已颇具影响力。他的热情演说成功阻止了加利福尼亚州脱离联邦而独立，因而深受林肯的信赖，曾被称为“拯救国家的演说家”。此外，金还组建了美国公共卫生委员会的太平洋分部，该机构负责看护伤兵，后来演变为美国红十字会。作为一名激情似火的演说家，他为美国公共卫生委员会在纽约的总部募捐到 150 万美元，占支持联邦政府的所有州募捐总数的五分之一。不停循环演讲使金精疲力竭，患上了白喉，1864 年 3 月 4 日病逝于旧金山。美国国会大厦和加利福尼亚的金门公园立有金的雕像。美国境内有两座山以他的名字命名。

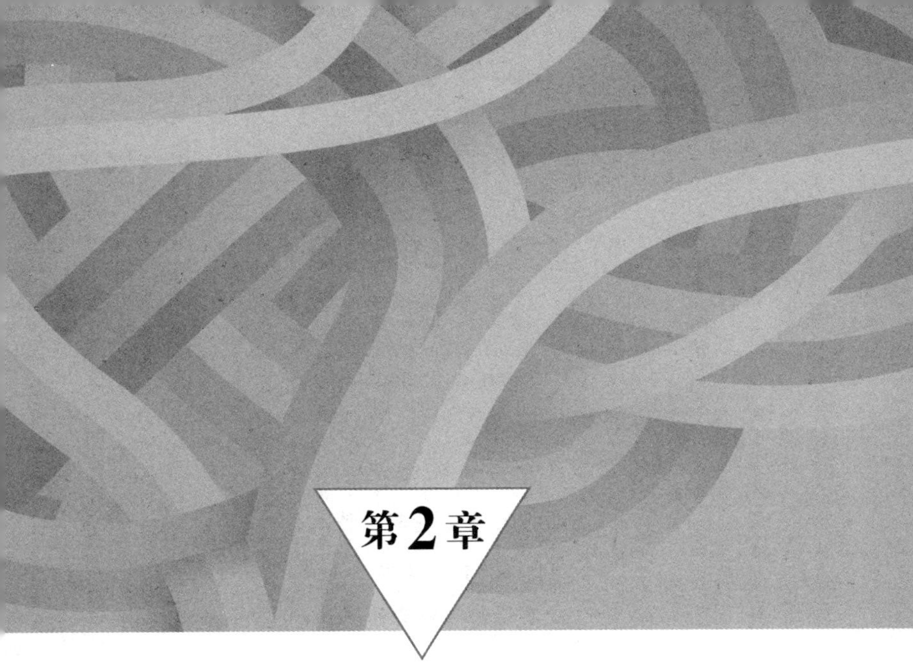

第2章

有梦想，有自信，才能改变命运

改变命运的决心

没有任何机缘、命运和天意，
能违背、阻止或控制
坚毅灵魂的决心。
才华不重要，意志最伟大；
在意志面前，一切终将屈服。
没有任何障碍能够阻挡
江河入海
日月行空，
有志者事竟成。
让愚蠢的人整天抱怨运气去吧。
真正的运气
来自坚定不移和始终如一，
来自对于伟大目标的全身心投入。

There is no chance, no destiny, no fate,
Can circumvent, or hinder, or control
The firm resolve of a determined soul.

Gifts count for nothing; will alone is great;
All things give way before it soon or late.
What obstacle can stay the mighty force
Of the sea-seeking river in its course,
Or cause the ascending orb of day to wait?
Each well-born soul must win what it deserves.
Let the fool prate of luck. The fortunate
Is he whose earnest purpose never swerves,
Whose slightest action or inaction serves
The one great aim.

——埃拉·惠勒·威尔科克斯

有毅力的人无论在哪里都会得到社会的认可。

There is always room for a man of force.

——爱默生

能者为王。

The king is the man who can.

——卡莱尔

不屈不挠的坚强意志有千手千眼，它能有效利用周围的一切为自己服务，它具有吸引同类的魔力。

A strong, defiant purpose is many-handed, and lays hold of whatever is near that can serve it; it has a magnetic power that draws to itself whatever is kindred.

——T.T. 芒格

如果把“意志力”作为人所拥有的能量来看的话，我们会发现什么呢？伟人的一个重要特征就是，他内心的意志力总是喷薄而出，源源不断。拥有这种意志力的人朝气蓬勃，而缺乏这种意志力的人则看上去软弱无能，不可依靠，或萎靡不振。有人说：“你首先应该学会告诉世界，自己并非似草木一般柔弱，而是坚强似钢铁。”名垂青史的人都是深谋远虑、当机立断的人。只要拥有这种意志力，就能实现不可估量的丰功伟绩。

对于一个意志力坚定且持久的人来说，一切皆有可能！

比起没有意志力的天才来，有意志力做支撑的平庸之辈反而能够做出更大的成就来。

想、不想、不会

近来有位作家说："世上有三种人：想做事的，不想做事的，不会做事的。想做事的成就一切，不想做事的反对一切，不会做事的搞砸一切。"

正如福斯特所言，在命运的海滩上散落着天才们的残骸，他们因为缺乏勇气、信念和决心，逐渐消失在人们的视野之中，而那些有着坚定的意志力的平庸之人却最终抵达了目的地。

为什么那些踌躇满志的人会在扬帆起航之后纷纷折戟沉沙呢？一言以蔽之，他们缺乏、甚至可以说根本就没有意志力。没有意志力的人如同没有蒸汽的蒸汽机。一无所成的天才不算天才，就像一把橡子不是一片橡树林一样。

意志是人格的脊梁。英国有位作家说："意志力之于人生，如同舵和蒸汽机之于船。意志力如舵，决定人生的方向；又如同蒸汽机，提供人生的动力。"

意志力决定了年轻人的潜能——他的意志力是否足够强大，以至于能让他如铁钳般牢牢抓住手中的事业呢？只有像铁钳般强大的力量才能抓住机会并把握好自己的事业。在一个尔虞我诈、自私贪婪的世界上，任何事情都必须拼个你死我活才有可能。一个缺乏意志力、无法掌控自己命运的年轻人，还能有什么机会呢？要想在这个竞争激烈的时代出人头地，就必须当机立断、坚定不移。

持之以恒

在本·琼森的旧作中，有这样一段台词："一旦发现事情有不对头的苗头，就要尽可能去做出弥补。就像裁缝手里的针线一样，要一针一线地将漏洞彻底缝好。"

黎塞留也表达了同样一个道理："一旦确定目标，我就一定要达成。"

罗思柴尔德的经商秘诀也说："一旦下定决心去做，就只许成功，不许失败。"

格莱斯顿曾经教育自己的孩子们：再渺小的事情也决不能半途而废。

勇气带来成功

优柔寡断比轻率冒进更糟。费尔瑟姆说过："胡乱扫射还可能击中靶子，一枪不发则绝无可能。优柔寡断就像疟疾发作，并不只是令手脚抽搐，还会让人全身哆嗦。"

那些总是闷闷不乐、反复无常的人，或是犹豫不决、无所事事的人；那些左右搪塞以图蒙混过关的人，或是患得患失、拘泥于细枝末节的人；面对层出不穷的各种诱惑把持不住自己的人，他们注定将一事无成。与此相反，一个积极向上、坚毅果敢的人，浑身上下都洋溢着大有作为的力量。

在迟钝、大意、懒惰、粗心的人面前，机会稍纵即逝，无从把捉。费尔普斯说："等待机会时始终警觉，捕捉机会时智勇双全，逮住机会时用坚毅和力量发挥其最大潜力，这样的拼搏精神必将带来胜利。"蔡平也说："最优秀的人不会坐等机会，他们会去捕捉机会，包围机会，征服机会，然后再驾驭机会。"

难道不能以意志力论成败吗？能够真正取得成功的人都是在前进的道路上毫不犹豫、当机立断的人，都是经得起各种诱惑的人，都是无论出现什么情况都能坚定地朝着自己的目标勇往直前的人。

“并非所有从他施驶来的船只都会满载着俄斐的黄金归来[1]，难道因此就让那些船只烂在港口吗？不！扬起风帆，乘风而去吧！”

一旦明确了自己的理想，就要努力去实现

某位作家说："每个人都具有意志力，尽管平时不曾察觉，但它一直存在着，有如优雅而倔强地绽放着的兰花，等待我们去发现它。扼杀这种力量，无异于使自己的存在失去价值，压抑自己的愿望，并扼杀自己的能力。培养意志力，就是把自己优秀的一面毫无保留地展示给大家。为此，首先必须充分了解自己，正确看待自身的价值。"

一位经验丰富的教育家曾经说过："每个人的记忆中都至少有过这样一个年轻人吧。他少年家贫，却有志于学，不久之后如果这种意念转化为志向，通向目标的大道便会在他脚下迅速铺开，热望与决心制造的氛围积聚了达成目标的力量。很多年轻人会这样向我们诉说：当自己满怀希望、充满渴望去努力的时候，却总是困难重重，而一旦这种希冀转化为现实的目标，许多意想不到的因素会把你送上成功之路。"

相信自己

一个没有自立精神和钢铁意志的人，只会变成机会的玩偶、环境的傀儡、条件的奴隶。自我怀疑难道不是我们最大的敌人吗？要想突破自己的潜能获得成功，难道不需要面对任何阻挠都始终相信自己具备获得成功的一切条件、始终相信自己必将成功的自信吗？你乃是为胜利而生，对此永远不要有丝毫的怀疑。“我的一生可能是失败的，我不是成功的那块料，成功不属于我”——这样的念头你必须把它视为对自己的背叛，要像对待小偷那样将它从你的脑海中彻底驱逐出去。

英勇无畏的年轻人身上有一种崇高的气质。他们拥有自信，并且敢作敢为。

世人往往是按照我们的自我评价来评价我们自己的。人们更愿意相信那些自信的人。一个畏首畏尾的人，缺乏自信的人，不相信自己的判断力而一味地寻求他人建议的人，害怕独立行动的人，都难有建树。

相反，一个积极向上的人，一个在突发事件面前也能泰然自若的人，一个坚信自己能够梦想成真的人，一个得到自己的伙伴们信任的人，他必将受到拥戴，因为他是如此的勇敢和自信、自强。

大凡成就大事者，都是勇敢、上进和自信的人。他们敢为天下先，不走寻常路，不怕挑大任。

谨小慎微、优柔寡断的年轻人，在这个竞争激烈的时代是很难获得生存空间的。在这个时代，你要想成功，就不仅需要胆识，更要敢于把握机会，否则将一事无成。

永不放弃、全力以赴正是心灵之道，
不懈的努力才能让人不断前行。

不可过分相信别人，
但必须充分相信自己。

敢于成功，等于成功

永不屈服于失败和贫穷，坚决捍卫自己的神圣权利，昂首挺胸地直面世界。勇敢地面对一切困难，整个世界就都会为你让路。没有人会帮你捍卫连你自己都不确定的权利。要相信天生我材必有用，集中全力，抖擞精神，奔赴目标。曾经有一个年轻人对他的雇主说："我不需要轻松的工作，让我来搬那些箱子和大件行李吧。因为我希望有朝一日自己可以把整座大山搬起来扔进大海去。"他伸出自己强壮的胳膊，眼睛里闪烁着年轻人特有的纯真与自信。

人们由衷地敬佩那些不抛弃、不放弃的人。有句话说得好："只要你朝着目标勇往直前，整个世界都会为你让路。"还有人说："令人吃惊的是，带给人生重大变故的厄运也会败给那些毫不气馁的人。厄运一旦无法挫败你的人生规划，就会在无奈之下缴械投降，转而成为你的人生规划的同盟军。"

普伦蒂斯·马尔福德曾说："一个人要想获得成功，就要在一言一行和所思所想中都把自己想象成一个成功者，否则他是不会获得成功的。"

爱默生又是怎么认为的呢？他说："我们必须义无反顾地勇

往直前，绝不动摇。伟人的著作、塑像乃至名字，都在渲染着意志力的作用。没有不屈不挠的意志，任何人都难以成就一番大事。”

译 注

1. 语出《旧约·列王纪上》第 22 章第 48 节：约沙法制造他施船只，要往俄斐去，将金子运来。

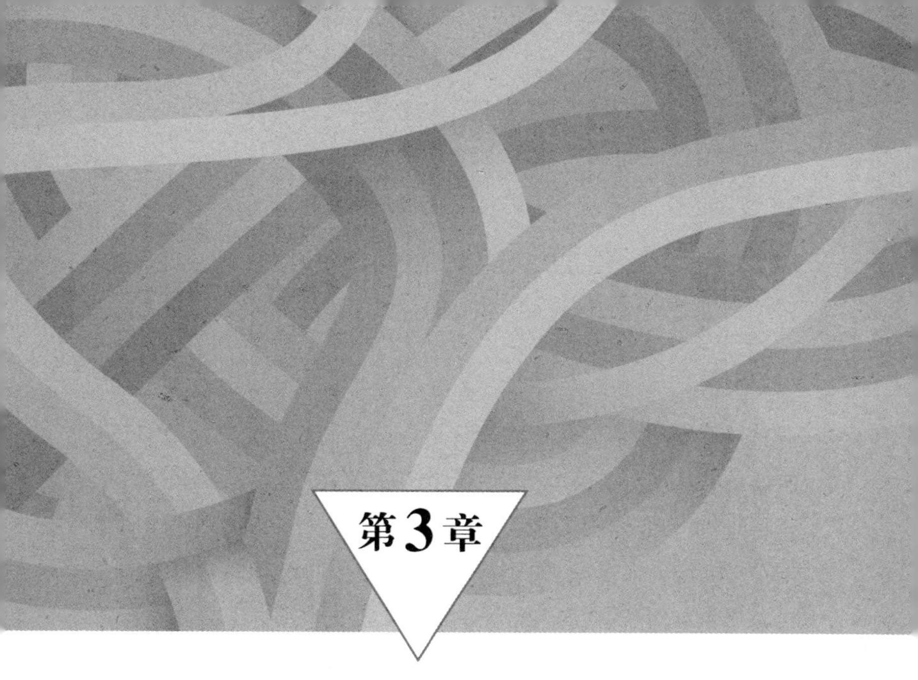

第3章

意志力与健康

“智慧”源自健康的身体

哪一个人类的奇迹不是来自自信——钢铁般的意志力的自信?！哪一个看似不可能的事情不是靠它变成可能的?！正是它，使得拿破仑在严冬翻越了阿尔卑斯山；正是它，引导纳尔逊和格兰特走向了胜利。它是世界一切发现、发明和艺术的强力滋补剂；它帮助人类赢得了千百次战争和自然科学方面的胜利，而这些胜利原本是几乎不可能的。

圣女贞德的成功秘诀不单单是由于她那种非同寻常的性格所决定的，而且还有神圣的使命激发了她强烈的自信心，让她看到了胜利的希望。

正是钢铁般的意志使得纳尔逊的塑像矗立在特拉法加广场，他最富个性的名言就是：“当我不知道是否需要战斗的时候，我始终都在战斗。”

无疑，灵魂的强健来自身体的强健。意志坚定的人大都是身强体壮的人。通常，身体强健的人更有分量和说服力。例如，格林对威廉一世做了如下描述：

他仿佛有如海盗祖先灵魂附体，身体魁梧，力大无穷，有万夫莫当之勇。谁都无法拉开他的弓，孤独求败的他令敌人也不得不佩服。他挥舞大棒杀入英格兰士兵的阵中，将敌人打得落花流水。当每个人都陷入绝望之际，唯有他会登上制高点振臂一呼——没有哪一个英格兰的国王能与之相比。

再看看韦伯斯特。锡德尼·史密斯赞道：“韦伯斯特真可谓是人世间的奇迹。没有人比他更伟大。”评论家卡莱尔说：“只要与他见过一面，你就会心甘情愿地为了支持他而对抗全世界。”他的魁梧身材就很有说服力，人们一见到他，就轻易地被征服了。

人生的辉煌总是降临在那些体格健壮的人身上。他们不一定都是肌肉发达、力大无穷之辈，但一定是充满活力、精力旺盛的人。例如，布鲁厄姆勋爵连续工作一百四十四个小时不休息，拿破仑马不停蹄地骑了二十个小时直捣敌人腹地，富兰克林虽年届古稀仍坚持露营，格莱斯顿八十四岁仍执掌国政，每日坚持步行数英里，到八十五岁的时候还能砍倒大树。他们都铸就了人生的辉煌。

成功的人生来自聪敏的头脑，聪敏的头脑来自健康的身体。要想在现代社会的激烈竞争中立于不败之地，就必须学会保持良好的身体状态，以应对激烈的现代竞争所带来的记忆与智力上的重压。此处要求的是健康，而非体力。在这个时代，健康是成功人生的基本要求。从托儿所到学校，从学校到社会，乃至更远的将来，大脑和神经的紧张将会一直持续并且有可能愈演愈烈。

无论处于何种境遇、何种情况之下都不能气馁，都要做到朝气蓬勃，青春焕发，充满战胜一切困难的自信和希望，并能运筹帷幄——还有什么比这更重要的呢？年轻人的荣耀来自他们自身的力量！

无论男女，在现代社会都需要一种动物性的生命力。要想更好地适应高度集中型现代社会所带来的压力，未来的男男女女都必须具备一种原始生命力，并且保持身体上的强韧。仅仅是没有生病还算不上健康。不妨想象一下泉水吧。要想滋润山谷、形成美丽富饶的自然风光，就必须有汩汩而出的涌泉，仅靠半潭泉水是难以派上用场的。真正健康的人，是那些能够充分感受到作为生命体而活着的那份愉悦、并尽情享受人生的人。他们是整个身心都充满朝气的人。健康的人浑身上下都洋溢着生命力，就如同在原野上奔跑的猎犬，如同踩着雪橇在雪地上疾行的少年。

拥有意志力，烦恼成菩提

尽管如此，我们知道，钢铁意志还能够克服生理方面的一些缺陷。

英勇的精神如同香脂
陶冶身心；
高贵的灵魂治愈伤口
胜过良药。

Brave spirits are a balsam to themselves:
There is a nobleness of mind that heals
Wounds beyond salves.

有位著名的走钢丝的艺人曾说："一次，我签下了一场推小车走绳表演。演出前一两天却突然腰疼。我叫来了私人医生，要求他一定要在表演开始之前治好我的腰疼。如果治不好，不但赚不到钱，反而要支付一大笔违约金。病情没有好转，医生让我静养。我告诉他：'我何必要听你的建议，如果不能治愈我，你的建议又有何用呢？’当我到达表演场地的时候，医生力劝我不要逞强。尽管腰痛难忍，我依旧拿好平衡杆，抓好手推车把手，像平常一样在钢丝绳索上走了一个来回，演出一结束我又痛得连腰都直不起来了。我何以能够坚持完成表演？全靠平时磨炼出来的意志力吧。”

贤者道：“未经受过痛苦的人又能知道些什么呢？”席勒不正是在近乎折磨的病痛之中创作出他最伟大的悲剧的吗？

亨德尔一生中创作了一部又一部的杰作，并且留名千古，那是因为他在患上麻痹症之后，虽然感觉到死神在一步一步地向自己靠近，却仍然坚持与强烈的不安和痛苦做斗争。贝多芬几乎完全失聪，并差点因此被悲伤所摧垮，但他仍然为世人留下了最优秀的乐曲。弥尔顿也说过：“最能忍受痛苦的人，也最能干出一番事业来。”他虽然饱受病痛、贫穷和失明的折磨，但还是把自己的才华发挥到了极致。

可是我并不埋怨上天的安排和用心，
我一点也没有减少我的希望和热情；
我仍旧要奋发向上，阔步前进。[1]

Yet I argue not

Against Heaven's hand or will，nor bate a jot

Of heart or hope; but still bear up and steer

Right onward.

——约翰·弥尔顿

威廉·H. 米尔博恩[2]在孩提时代就失明了，但是，为了有朝一日能够成为一名神职人员，他一直坚持学习，终于被任命为牧师，并很快成为国内外大受欢迎的传教士。他不但对美国南部密西西比河谷的历史进行了详细的研究，并出版了好几部著作，还长期担任了众议院的专职牧师。

范尼·克罗斯比多年担任盲校教师，她创作了近三千首赞美诗。其中包括《求主垂怜》(*Pass Me not, O Gentle Saviour*)、《赶快去传福音》(*Rescue the Perishing*)、《救主比生命更宝贵》(*Saviour More than Life to Me*）和《靠近十字架》(*Jesus keep Me near the Cross*）等名诗。

布鲁克斯主教说：“对于那些正在受苦的人，真正的帮助并非卸去他们肩上的重担，而是要唤起他们承受重担的最大潜能。”

达尔文也是何其坚毅！尽管终日卧病床榻，饱受折磨，但他具有惊人的忍耐力。在他生前，只有他的妻子最清楚他曾经遭受过怎样的煎熬。达尔文死后，他的儿子这样讲述道："父亲在最后的四十年里，没有一天不是在病魔的折磨中度过的。"在那四十年间，达尔文一刻不停地工作着，他所取得的辉煌成就足以令那些自诩有着顽强意志和强壮身体的人望而却步。

范尼·克罗斯比

威廉·H.米尔博恩

战胜病魔的力量来自内心深处

布尔沃曾经感叹那些“不让病痛靠近自己的人，即使生了病也不告诉别人的人，决不承认自己有病的人”是多么地可贵啊。确实，人们平时要尽可能地远离疾病。不要老是因为疾病而郁郁寡欢，也不要把病情想得过于严重。千万不要把自己看成缺乏自制力的人，而是要不断提醒自己：“我完全具有战胜疾病的力量。”把身心和谐的健康作为最高理想，为实现这个理想平时就要不断付出努力，这点非常重要。

精神本来不就是守护肉体的吗？在这个世上，虽说对成千上万的人都能奏效的药屈指可数，但是，上帝会无动于衷地置人类于不顾吗？为了让人们能够对抗各种疾病的折磨，上帝赐予了我们“意志力”，也就是我们常说的精神的力量，这是人类的一种自卫方式。要守护好自己，就要了解如何去发挥意志力的作用。做到了这一点，大部分人就可以永葆青春而又活力十足。精神无疑具有这样一种力量，它可以使身体保持年轻、美丽、强壮和健康，使生命力得到恢复，并且使人们能够延年益寿。身心康泰，品性端方者往往长命百岁，他们高卧云端，远离喧嚣和纷争——正是那些喧嚣与纷争，折损、毁灭了大多数的生命。

每个医生都知道：英勇无畏、意志坚定的人感染传染病的概率要大大低于那些胆小怕事、优柔寡断的人。有位细心的医生对朋友保证，如果一个邮递员要去黄热病肆虐的新奥尔良递送四万美金，只要钱还在他手里，他还有责任看管好这笔钱，他就不大会被感染。不过一旦把这笔钱交出去了，他最好还是尽快出城为好。

拿破仑曾访问过连医生都不敢接近的鼠疫医院，甚至与患者有肢体接触。他说，无畏者能消除瘟疫。这样的精神是身体的最佳滋补剂。这样的精神能令人绝处逢生，成就伟业。道格拉斯·杰罗尔德在收到医生的病危通知后说："难道我要弃孩子们于不顾吗？我绝不能死。"他言出必行，又接着活了许多年。

译　注

1. 出自弥尔顿的十四行小诗《致失明的西里亚克·斯金纳先生》，写于1655年或1656年初，西里亚克·斯金纳曾是他的学生。弥尔顿于1652年2月或3月完全失明。

2. 威廉·H. 米尔博恩（William H.Milburn，1823—1903）：美国循道宗牧师。5 岁的时候，由于玩伴无意中扔出一块玻璃片而击瞎了左眼。不幸的是，右眼受到感染，也只剩部分视力（40 岁以后双眼完全失明）。但在明亮的光线下，前倾一定角度，米尔博恩仍能阅读。幸运的是，米尔博恩的父亲拥有一批丰富的藏书，米尔博恩一本接一本地阅读历史、传记、游记、小说。他还培养出惊人的记忆力，比如，他父亲朗读祈祷文的一些章节，他随后就能一字不漏地复述出来。在家庭教师的指导下，他还学会了拉丁语和希腊语。虽然入读伊利诺伊学院，但由于衰弱的视力而无法毕业。1843 年担任循道宗牧师。在他早期的布道生涯中，米尔博恩每个月都要骑马旅行数百英里，足迹遍布中西部。1845 年当选为众议院的专职牧师，1853 年再次当选。米尔博恩的布道和演讲遍及全美、加拿大、英伦三岛和爱尔兰。在他出版的著作中，他的自传《一个布道者的十年生涯》是一部生动的纪实作品。正如克罗斯比和海伦·凯勒一样，失明并未阻止米尔博恩过上有意义的生活。

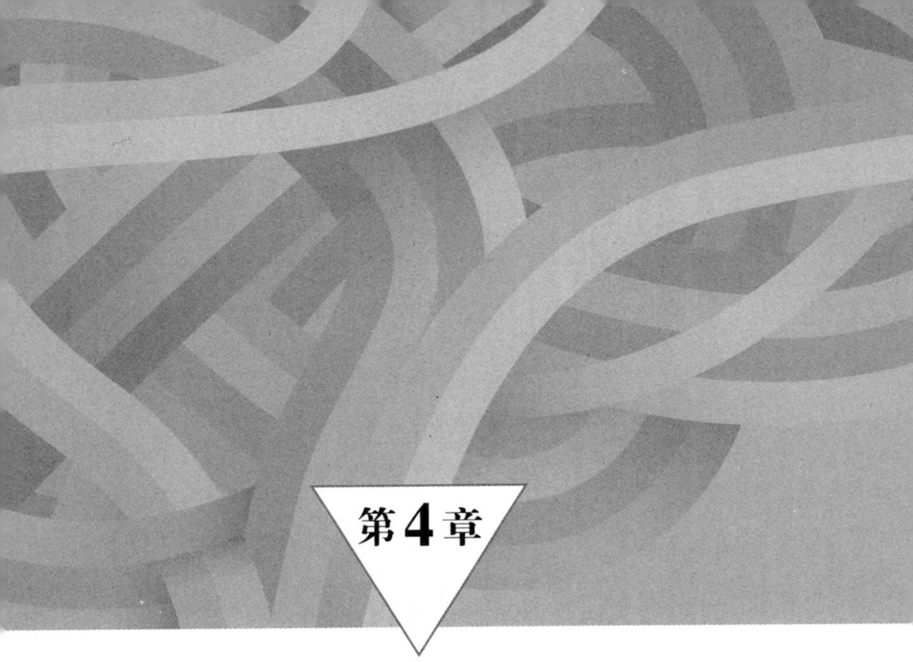

明确目标就不再迷惘
——在逆境中前进

花言巧语骗不来成功

虽为贫家子，身心俱强健。
体格夸健硕，志气高且坚。
能以灵巧手，成就一切善。
汝之所继承，王公亦称羡。

What doth the poor man's son inherit?
Stout muscles, and a sinewy heart,
A hardy frame, a hardier spirit!
King of two hands he does his part
In every useful toil and art:
A heritage it seems to me,
A king might wish to hold in fee.

——洛威尔

你有没有想过，其实上帝在每个人出生的时候都给了他一笔“创业基金”这个问题？是的，人人生而富有。我们拥有良好的健康、结实的身体、灵活的肌肉。我们拥有良好的头脑、性格和心灵。我们拥有灵巧的双手，每一个手指都能捕捉机会。至于装备，其实每个人都拥有上帝赋予的装备。在我们的身心的奇妙运作机制之中，蕴含着多么丰富的财富啊！只要再加上个人的努力，就能成就一切伟业。

澳大利亚人詹姆斯·泰森[1]是个身高六英尺四英寸的大汉。他从做牧场工人起家，死后留下了两千五百万美金的遗产。他并不贪恋金钱，常常说："钱财生不带来死不带去，一旦死了就成了真正的身外之物，也就没有任何用处了。"每每说到这里他都会露出得意的表情，习惯性地打个响指，然后继续说道："钱有什么意义，它不过是个有趣的小游戏罢了。"

若有人问"小游戏"的含义，泰森就会用他那充满激情的口吻说道："就是'与荒凉的较量'，这是我的工作。我终生都在与荒凉斗争——在没有水的地方引入水，在没有牛的地方放牛，在没有栅栏的地方围上栅栏，在没有路的地方造出一条路来。即使大家对于终将死去的我也会有忘掉的一天，但我所做的这一切将泽被后世，数百万人将因此过着更加幸福的生活。"

难道不是自立精神成就世间的一切伟业的吗？又有多少青年因为没有启动资金而在目标面前犹豫不决、怨天尤人，守株待兔一般等着好运气来拉他们一把的呢？然而，成功来自艰苦奋斗和持之以恒，它不会被收买或哄骗，有一分耕耘才有一分收获。以恒久的努力和不懈的斗争，于荒凉之地收获成功，这正是成就伟业所必须付出的代价。

詹姆斯·泰森

生于忧患，死于安乐

本杰明·富兰克林对目标有超出常人的坚持。在费城开始自己的印刷生意时，他用手推车搬运材料。他只租了一个房间，兼做办公室、工作间和卧室。他将自己最大的竞争对手请到这个房间，指着晚饭吃剩的一块面包对他说："除非你能过比这更简朴的生活，否则别想把我挤走。"

富兰克林的经历证明了埃德蒙·伯克的名言："对手可以磨砺我们的神经，锻炼我们的技巧。如此一来，对手反而成了帮手。"

当乔治·皮博迪还是一个穷苦无依的年轻人的时候，有一天他拖着疲惫而又饥饿的身躯来到了新罕布什尔州康科德的一家旅馆，但是，他既没钱住店也没钱吃饭，于是他恳求店主允许他以劈柴来换取食宿。经过这一番磨炼，以后不管干什么工作他都会全力以赴，并逐渐摆脱了少时的贫穷。

吉迪恩·李的少年时代可谓一穷二白，冬天连鞋子都穿不上，下雪天也不得不打着赤脚工作。即便如此，他仍然强迫自己每天工作十六个小时，一旦因故停顿下来浪费了时间，他就会通过剥夺自己的睡眠时间来加以弥补。后来，他成了纽约的一名富商，还一度出任市长，甚至当上了众议院议员。

有位叫鲁斯[2]的绅士曾经在生意上碰到一些棘手的事情，因为在许多州都出现了利益冲突而惹出了麻烦，最后他坐了牢。在拘禁中，他在监狱的墙上写道："如今我已年届不惑。五十岁时我会坐拥五十万美金，六十岁时我将身价百万"。最后他一生赚了三百多万美金。

惠普尔说过："很多商人破产不是因为缺少商业天赋，而是因为缺乏商业胆识。"

赛勒斯·菲尔德从商界功成身退后，便计划通过在大西洋海底铺设电缆，从而使欧美间电信通讯成为可能。他将全部身家都投入到了这一计划之中，从此遭遇到的困难可谓层出不穷：纽芬兰的森林问题[3]、议会的游说、"阿伽门农号"[4]的制动装置失灵、海底电缆三番两次的断裂、已铺设电缆的电流中断、"大东方号"[5]巨轮上的优质电缆崩断……但这一切都未能摧垮菲尔德的钢铁意志。他的胜利展示了精神力量在应用科学领域的成功。

阿伽门农号1858年8月5日上午5时驶入爱尔兰巴伦西亚岛的道卢斯（Doulus）湾，成功完成第一次跨大西洋海底电缆铺设。亨利·克利福德（Henry Clifford, 1821–1905）绘。

1866 年航行在大海上的大东方号。亨利·克利福德（Henry Clifford, 1821–1905）绘。

从低处高飞

关于《纽约论坛报》(*New-York Tribune*)的创办者霍勒斯·格里利的故事在此不再赘述，他的故事应该已经写进了教科书。

曾是《每日快报》(*Daily Express*)所有人和总编辑的詹姆斯·布鲁克斯，也是一位颇有影响力的议员。最初他不过是缅因州的一个普通店员，在二十一岁的时候领到的薪水仅仅是一大桶新英格兰兰姆酒而已。但是，他从未放弃过上大学的梦想，终于有一天背着一个行李箱前往沃特维尔了。过了几年他毕业的时候，仍然穷得只有一个行李箱，但他还是意气风发地回到了家乡。

詹姆斯·戈登·贝内特在四十岁的时候，用自己的全部财产三百美金作为资本，在地下室找了一块木板支在两个木桶上当办公桌用，然后一个人包揽了排字工、勤杂工、发行人、送报工、办事员、编辑、校对者、印刷厂学徒的所有活儿，创办了报纸《纽约先驱报》(*New York Herald*)。他之所以要迈出这一步，是因为之前的许多次努力都是按部就班行事，并且忽视了自己的特长，因而屡遭失败。他的早期创业史最能应验温德尔·菲利普斯的那句名言：“吃一堑，长一智。失败乃是迈向成功的第一步。”

瑟洛·威德从事记者工作长达五十七年之久。他是一个精明强干、温和老练的彪形大汉，对改善纽约公共政策做出了很大贡献。他曾谈起少年时代的浪漫故事：

我在卡茨基尔并未受过多少教育，大概还不满一年，至多不超过一年半，而且那时候我才五六岁。我从小就感到了自己的命运必须靠自己去改变的重要性。

我的第一份工作是熬制槭糖的工作，我很快就从中找到了乐趣。即便现在回过头来看自己在灌木丛中度过的日日夜夜，仍然觉得其乐无穷。美中不足的是那时没有鞋子穿（在白雪皑皑的时候这可是个非同小可的问题）。于是，我把旧地毯的碎片缠在脚上，这样不就不怕冷了吗！就这样我来回割开树干，收集树液也得心应手起来。随着春天真正的来临，大地到处都露出了它本来的面貌，破布碎片之类就成了累赘。我毫不犹豫地把它们扯下来，又开始光着脚投入工作了。

对于在农场做槭糖的少年们来说还是有很多空闲的，我只要一有空就会用来读书。不过农场里除了《圣经》就没什么像样的书了，所以只要能借到书，不论何时何地我都会去借。

我听说三英里外的一个朋友从更远的朋友那里借到了很

有意思的书，就打着赤脚去了。一路上只要看到有泥土露出雪地的地方，我就会停下片刻暖暖脚，再接着赶路。沿途的木栅有的已经开始化雪，能迈开步伐走在露出来的横木上，心里那股舒坦劲儿简直无法形容。

终于抵达目的地了，我想借的书似乎也在悄悄地等待着我的到来。值得庆幸的是，那家人也表示愿意把书借给我。当然，他们提出的条件就是绝对不能把书损坏或弄脏。我就像受到了嘉奖一般激动得忘乎所以，回去的路上把雪和打着赤脚的事情都忘得一干二净。

那个时候，蜡烛还不是生活必需品，而是一种奢侈品。日落之后还不睡觉想继续读书的孩子就只能捡些柴火点燃了，然后趴在火堆旁看书。就这样，我的身体在制糖所的屋子里面，头则伸出门外，借着松枝的熊熊火光，兴致盎然地读着刚刚借来的《法国大革命史》。

离开农场后威德来到了奥农多加县的铸铁工厂工作：

我最先学会的是浇铸。就是把熔化得黏糊糊的铁水灌入铸模这套工序。没过多久，我一个人就能独立完成“狗”的铸件的工作。这是一份没日没夜的工作，我们三餐吃咸肉、黑麦和玉米面包，睡的是稻草铺。可以说每天都过着炎热的地狱般的生活，但这份工作让我兴奋不已，所以我真的很喜欢它。

后来，威德为了了解印刷业，便到了奥尔巴尼·阿格斯报社（Albany Argus）工作。他每天从早上五点工作到晚上九点，这种勤奋工作的精神从未改变过。

没有所谓的“幸运星”

一个人所面对的困难越大，他的人生就越有意义，越刺激。

——霍勒斯·布什内尔

威德和格里利的故事在美国已经是耳熟能详了。世上的很多英雄豪杰在年轻时都曾与贫困做斗争，并最终战而胜之。

天文学家开普勒虽然名扬天下，却一生穷困潦倒。为了谋生，他干过利用占星术来给人占卜算命的工作。对此他自我解嘲道，占星术乃是天文学的子女，子女奉养父母也就理所当然了。为了糊口，他干过各种工作，包括制作历书，并为任何肯雇他的人工作过。

据说林奈在上学的时候，连修鞋的钱都没有，只能用折叠好的纸把破了的地方堵住。一日三餐也经常是从朋友那里分一口吃。

艾萨克·牛顿即便在接二连三地完成那些影响世界的重大发现的十年里，连每周向皇家学会[6]缴纳二先令的会费都感到很费劲。于是有朋友想向学会提议免除他的会费，但牛顿本人并不同意这么做。

汉弗莱·戴维因为发明了矿工用安全灯而世界闻名，尽管他在儿童时代没有机会受到过正规的教育，但对于科学他有着与生俱来的热情。据说他在做助手的时候，在药房的屋顶阁楼，把用旧的锅、水壶和蒸罐之类都用来做实验和学习了。那一段时期的实践，为他后来的成功打下了坚实的基础。

乔治·斯蒂芬森的父母一共生了八个孩子，因为贫困，全家人都挤在一个屋子里住。少年时代的他曾经给邻居家放牛。只要一有空，他就会用泥土做蒸汽机的模型，或是拿毒芹杆做蒸汽导管。十七岁那年，他父亲成为一名火车司炉，这使得他有机会认识了真正的蒸汽机。他虽然不会读书写字，但发动机成了他的老师，他也够得上一个虔诚的弟子。休息日里，同事们都在玩游戏、喝酒的时候，他却在拆卸、清洗、组装、研究机器，或者在做实验。后来，因为对蒸汽机的改良和创办铁路而一举成名的斯蒂芬森，被那些整天吃喝玩乐的同事们称为“幸运的人”。

因为具有咬住青山不放松的精神，因为具有不屈不挠的意志力，他们取得了人生的成功。

我们之所以能够站立，是因为我们有立足之地，我们因此获得了立足点。

——乔赛亚·吉尔伯特·霍兰

一旦明确了目标就不再犹豫

乔舒亚·雷诺兹爵士在罗马求学时，有位同窗叫阿斯特利。有一次，他俩和几个朋友去远足，因为天气闷热，大家都脱下了外套，只有阿斯特利始终不肯脱。遭到朋友们的几番嘲弄之后，阿斯特利无奈之下也脱下了外套，结果露出了穿在里面的西装背心，而在背心的背面有一幅水花四溅的瀑布画——由于太过贫穷，他画的这幅瀑布画只好用来打补丁了。

英国人詹姆斯·沙普尔斯出生在一个非常贫困的家庭，他是一边在铁匠铺做事一边自学掌握了油画和版画技巧的。因为没有钱，他常常在凌晨三点起床抄写那些自己买不起的书。尽管拼命工作了一整天之后十分辛苦，他仍然会为了购买区区一先令的画具而不惜往返十八英里的路程前往曼彻斯特。不仅如此，在铁匠铺里他会主动挑最重的活儿干，因为把铁加热需要花些时间，这样他就有更多的时间靠在烟囱上阅读那些来之不易的书籍了。他惜时如金，对待每一分钟都如同生命里的最后一分钟。五年中他把空余时间都花在了作品《铁匠铺》(*The Forge*)的创作上，现在很多人家里都挂着这幅画的复制品。沙普尔斯之所以能够历尽艰

铁板画《铁匠铺》，詹姆斯·沙普尔斯绘于1859年。

辛之后获得成功，就是因为一直有着“钢铁般的意志”在支撑他，使他毫不犹豫地朝着自己的目标奋勇前进。

看着一个叫米开朗琪罗的小伙子坐在画室的小凳上，手拿画板和笔刷在画板上飞龙走蛇，一位老画家说：“这个小伙子总有一天会超越我。”这个赤脚小子后来经过自己的艰苦奋斗，克服了重重困难，终于成了闻名世界的艺术大师。米开朗琪罗在三个领域都获得了不朽的名声——作为建筑家，他主持建造了圣彼得大教堂穹顶；作为雕刻家，他雕刻了《摩西》；作为画家，他创作了《最后的审判》。然而读一读保存在大英博物馆的书信，就会了解到他在制作教皇尤利乌斯二世铜像的时候依然十分贫困，甚至不能让弟弟到博洛尼亚来看自己，因为那时的他穷得只能和三个助手挤在一张床上睡。但是，他当时的心境正如下面所写的一样——

不屈不挠的意志之星
从我的内心升起，
在万里无云的夜空，
悄悄地毫无遮掩地
发出凛冽的光芒。

The star of an unconquered will
Arose in his breast,
Serene, and resolute and still,
And calm and self-possessed.

——亨利·沃兹沃思·朗费罗

天将降大任于斯人也，必先苦其心志

胜利者们的奋斗与成功是永不终结的传奇，只要地球还在转动，奋斗者就会层出不穷。

七十二行，行行出状元。即便他们成功的故事永远说不完，也同样可以总结出一个放之四海而皆准的真理，那就是：不管你多么有才华，如果没有“意志力”这一强大的原动力，你就无法战胜人生道路上的种种困难，从平凡的环境中脱颖而出。如维吉尔是搬运工的儿子，贺拉斯是商人的儿子，狄摩西尼的父亲是个铸剑工，弥尔顿的父亲是个放债人，莎士比亚的父亲是个羊毛经销商，克伦威尔的父亲是个啤酒商。

本·琼森曾经子承父业做起了石匠。他一手拿着泥瓦刀，兜里揣着书本在伦敦的林肯律师学院[7]干起了粉刷墙壁的活儿。年轻时，约瑟夫·亨特曾是个木匠，罗伯特·彭斯曾是个农夫，济慈曾经是个药剂师，托马斯·卡莱尔和休·米勒都做过石匠。但丁和笛卡尔当过兵，沃尔西主教、笛福、柯克·怀特的父亲都是屠夫，法拉第是马夫的儿子，他的老师汉弗莱·戴维是个药剂师的学徒，开普勒曾在德国一家旅馆做过侍者，班扬曾经是个补锅匠，哥白尼的父亲是波兰的一个面包师。阿克赖特从一个理发师做起，威尔逊从一个鞋匠做起，林肯从一个做篱笆的工匠开始，格兰特最早是一个鞣革工匠。作为工匠，他们掌握了一流的技术并储备了相当的实力，也因此使得他们作为发明家，作为作家，作为政治家，作为将军，都取得了巨大的成功。发明梭织机的约翰·凯，引入多轴纺织机的詹姆斯·哈格里夫斯，设计了缪尔纺纱机的塞缪尔·克朗普顿，他们都是没有受过正规教育的贫穷的手艺人，但他们的天赋令他们成就了那些学富五车的人都无法企及的举世瞩目的伟业。

这些伟人之所以能达到如此的高度，就是因为他们的意志如同一往无前的大潮，将他们推向了更高更远的成功彼岸。

让命运之箭都向我射来吧，
我的灵魂就像坚实的盾牌，
哪怕飞矢如雨，我依旧从容；
我不屈从于命运，命运也无法驾驭我：
我的灵魂没有征服者。

Let Fortune empty her whole quiver on me,
I have a soul that, like an ample shield,
Can take in all, and verge enough for more;

Fate was not mine, nor am I Fate's:

Souls know no conquerors.

——德莱顿

译　注

1. 詹姆斯·泰森（James Tyson, 1819–1898）：澳大利亚牧场主，被认为是澳大利亚土生土长的第一个白手起家的百万富翁。他的父母于 1809 年 8 月 19 日乘船从英国来到殖民地澳大利亚，其父是自由民，而母亲则是因偷窃被判 7 年徒刑的流放犯，泰森是其第三子。到 1819 年，他父亲拥有一个 40 英亩的小农庄。泰森大约在 1833 年开始打工，先是在兄长的农场里做农场工人，1837 年到悉尼给鞋匠当了一阵子学徒，然后辗转于几家农场做工人，大约从 1846 年起和一个兄弟一起倒卖土地，但不太成功。1852 年初在本迪戈发现金矿的消息一经传来，泰森和他的兄弟威廉就赶着牛群到了那里，开了一家屠宰场和肉店，3 年里发展为一家商行，1855 年以 80000 英镑出售。有了这第一桶金之后，泰森开始从事牧场收购的业务，到 1898 年泰森已拥有 5329214 英亩土地。泰森乐善好施，1892 年向昆士兰政府贷款500000英镑用于建设横跨澳大利亚的铁路，在经济萧条时期还购买了250000英镑的国库券。1893—1898年泰森担任昆士兰立法委员会的委员，但只做过一次简短的演说。泰森一生未婚，没有留下任何遗嘱，去世时他是那个时代最富有的澳大利亚人，遗产达236万英镑。泰森生活节俭，不喜欢向别人谈论自己的财富。早年只对放牧牛羊感兴趣，但在晚年却对人生问题产生了浓厚兴趣，因此读了不少这方面的书籍，且不倦地讨论这些问题。作为一个雇主他很严厉，但也十分公平。只要别人不谈论他的善行，他愿意交朋友。他的名字成了节俭、富有、善于经商的代名词。

2. 鲁斯（Charles Broadway Rouss, 1836–1902）：美国商人、慈善家。出生于马里兰州的弗里德里克县，为奥地利名门之后，该家族中的许多人在奥匈帝国时代的公共事务中很出名。1841年其父迁居到弗吉尼亚州的贝克莱县，于1849年在距温切斯特12英里的地方购得一块农场。鲁斯在10岁到15岁的时候就读于温切斯特私立中学。毕业后在一家商行做店员（周薪1美元），离开商行后在市场上销售铅笔和缝衣针。1854年在他18岁生日的时候用积攒的500美元自己开了一家商店，生意立刻红火起来，鲁斯每周入账1000美元，到1860年已赚了20000美元。内战期间，他丢下生意，加入弗吉尼亚第12游骑兵，当了一名列兵。由于战争，当时的信贷体系普遍崩溃，到1865年内战结束时，鲁斯已负债11000美元。1866年，他离开家乡前往纽约淘金，用他自己的话说，“是用头脑而不是子弹和北方佬作战”。刚到纽约的时候，身无分文，吃的是免费快餐，夜宿公园。直到 1875 年，他还继续负债，并因此被债主短期拘禁。纽约商人也不愿贷款给鲁斯，将货架上的滞销商品交给他去卖。不过，成功最终垂青于鲁斯。第一天，鲁斯卖掉了价值 1000 美元的商品。不久，鲁斯还清了债务，并拥有 40 家连锁店，价值超过 200000 美元。在 1877 年的经济崩溃之后，他以 50 美元的资本创办了他的第三个商业帝国——拍卖行，拍卖业务的支柱是出版的邮购目录《拍卖月刊》。不久，他每天入账 40000 美元。1895 年鲁斯在百老汇大街上建了一栋 10 层楼高的百货商厦，曾一度成为这条街的地标建筑。1902 年鲁斯去世时，财产达 1000 万美元。鲁斯乐善好施，捐资 100000 美元在里士满建了一座南方阵亡士兵纪念堂，35000 美元给弗吉尼亚大学建造物理实验室，30000 美元在温切斯特建了水厂，等等。

3. 纽芬兰的森林问题：菲尔兹带领六百多人花了数月时间，在连绵 400 英里的森林里铺设了一条横贯纽芬兰岛的公路和电缆线。

4. 阿伽门农号（Agamemnon）：英国海军总部于 1849 年订制的第一艘蒸汽机战舰，1852 年完工并交付皇家海军。该舰以特洛伊战争中统帅希腊军队的迈锡尼国王阿伽门农的名字命名，归属地中海舰队，在克里米亚战争中作为旗舰投入战斗。1857 年英国政府派出装载了 1250 吨电缆的阿伽门农号参与大西洋电信公司的第一次跨大西洋电缆铺设。虽然没有成功，但在第二年的 7 月 29 日，阿伽门农号与美国方面的尼亚加拉号在大西洋中部成功对接，该项工程得以大功告成。

5. 大东方号（Great Eastern）：英国的一艘铁甲蒸汽机船，1858 年初次出航时是当时最大的舰船。在无须补充燃料的情况下，可搭载 4000 名乘客环游世界。由于缺乏客源，于 1864 年 1 月 14 日被拍卖，但无买家接手。同年 4 月被包租给电信建设公司，用来铺设该公司的第一条跨大西洋电缆。大东方号是唯一一艘能够装载这项巨大工程所需电缆的巨轮，这些电缆装上船足足花了五个月。第一次出航铺设发生在 1865 年 7 月 14 日。在经过电缆损毁和断裂等几次事故后，连接欧美的跨大西洋电缆终于在 1866 年 9 月 1 日贯通。大东方号在这项工程中共铺设了 4200 公里长的电缆。

6. 皇家学会（Royal Society）：成立于 1660 年，是大不列颠最早的科学学会，也是欧洲最早的学会之一。始于一些小型的非正式的团体，其成员定期会晤，讨论科学课题。伦敦和剑桥的这种“无形学院”于 1645 年举行第一次会议，1662 年，查理二世颁发特许状，成立伦敦皇家学会，将英格兰的许多小型学会也并入该会。由于皇家学会大部分是清教徒同情者和 F. 培根的信徒所组成的，皇家的支持，不过限于道义而已。这和欧陆科学院不同，欧陆科学院由国家主办，其成员有薪金收入，但失去了他们的独立性。在英国，言论自由成为科学思想和科学发展的动力。到 18 世纪，皇家学会的成就在国际上是著名的。1665 年起，它的出版物《哲学汇刊》是西方最早的期刊之一。

7. 林肯律师学院（Lincoln's Inn）——坐落于伦敦卡姆登自治镇内的霍本，毗邻皇家法院。为伦敦四所律师学院之一，负责向英格兰及威尔士的大律师授予执业认可资格。据说是以第三代林肯伯爵（约 1251–1311 年）的名字命名。

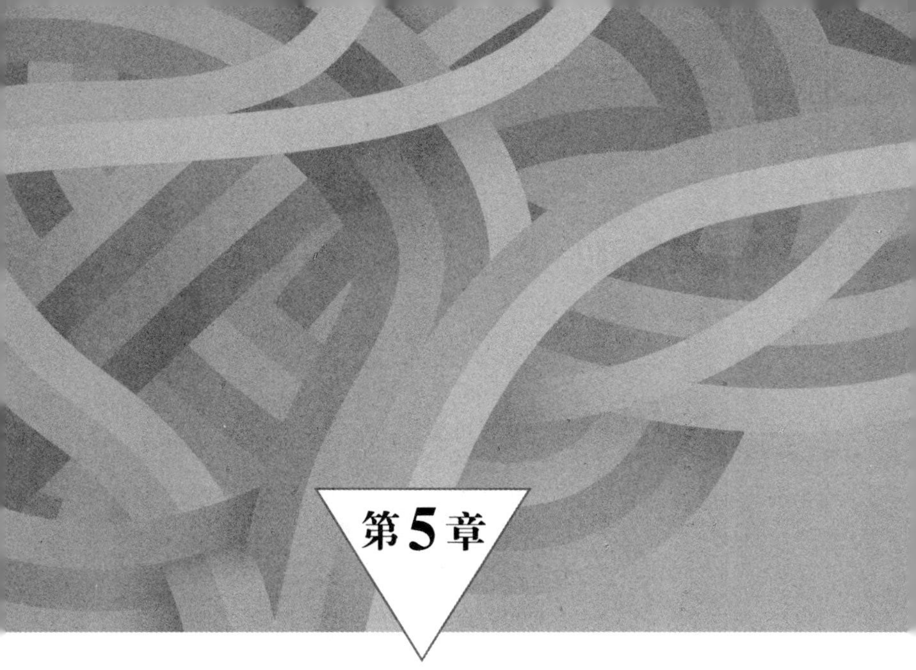

第5章

让自己永远干劲十足
——耐力的培养

切勿对自己的才华沾沾自喜，要不断努力

永不放弃，时来运转会有时，
幸运定会眷顾那些坚守希望之人；
上帝会把成功赐予
那些在迷茫中仍坚持不懈的人。
永不放弃，贤者无所惧，
他知道上帝掺到命运之杯里的是什么，
许多格言中，最古老的金玉良言还是
永不放弃！

要坚强！真正的运气只有一个
那就是古老的条顿人名副其实的坚实勇气。

Never give up, there are chances and changes,
Helping the hopeful, a hundred to one;
And，through the chaos, High Wisdom arranges
Ever success, if you'll only hold on.
Never give up; for the wisest is boldest,

Knowing that Providence mingles the cup,
And of all maxims, the best, as the oldest,
Is the stern watchword of "Never give up!"

Be firm; one constant element of luck
Is genuine, solid, old Teutonic pluck.

——老霍姆斯

成功常常取决于知道需要多久才能成功。

——孟德斯鸠

大凡成大事者，都有一个共同的品质，那就是：坚忍不拔！他们或许缺乏一些别的优点，或许还有不少弱点或怪癖，但一个成功者绝不会缺乏耐力。无论面对何种反对与挫折，他们都不会屈服。他们不因困苦生厌，不因挫折气馁，不因烦琐厌倦，不幸、悲伤和失败都伤害不了他们。造就伟人的，与其说是智力超群或财力雄厚，不如说是持之以恒、坚定不移的精神。无论男女，在人生中获得成功的人，都是不满足于自己的才华、并且坚持不懈地付出努力的人。他们知道，要成就一番伟业，就必须凭着不屈不挠的意志力坚持不懈地努力下去。

奥杜邦长年居住在森林之中观察鸟类，有一天他发现自己画的两百多张珍贵图纸被老鼠咬坏了。他是这样讲述那个时候的心情的：“当时我难过得就像万箭穿心、被烈火煎熬一般。后来的几个星期，我由于发高烧而一直卧床不起。但是，过了好些天之后我感到我的体力和精力又恢复过来了。于是，我再次背起枪，拿着猎物袋、素描簿和铅笔来到了森林深处。”

卡莱尔在写《法国大革命史》时遭遇的不幸可谓尽人皆知。在第一卷完稿之后，他把原稿借给了一个邻居看，结果那个邻居把原稿搁在地板上，被女佣拿去点了炉子。面对这样的毁灭性打击，卡莱尔依然没有放弃。他花了几个月的时间，翻阅了近百卷资料，重新撰写了那份在几分钟内化为灰烬的手稿。

前进是克服困难的最佳方式

只要稍稍翻阅一下文学史就会发现，伟人们无论男女，尽管对贫困和不幸也会感到痛苦和绝望，但是他们中的大多数都会使自己振作起来，并克服各种困难继续前进。

阿喇戈在装订一册教科书的时候，发现扉页上有达朗贝尔写给学生的一段话："前进吧，前进！困难会在前进中瓦解。前进，黎明就会降临，将道路照耀得更加清晰。"这句话对阿喇戈产生了很大影响。他说："在学习数学方面，这句名言成了我最伟大的老师。"

假如巴尔扎克是个容易气馁的人，那他或许在受到父亲的告诫之后就打退堂鼓了："你难道不知道在文学的世界里只有两种人——王者或乞丐吗？""那我将成为王者！"巴尔扎克答道。于是，他的父母学会了顺其自然，允许巴尔扎克在巴黎的一个屋顶阁楼里开始写作活动。后来，巴尔扎克与困难和贫穷殊死搏斗了近十年，在发表了四十部小说都不成功的情况下，他依然坚持不放弃，最终获得了巨大成功。

左拉年轻时也曾与贫困斗争过。二十岁之前他都过着衣食无忧的生活，父亲过世之后，他和母亲在巴黎挣扎求生。左拉回忆那段黑暗岁月时说：

> 我经常到了快要饿死的地步，几个月都吃不到肉，常常要靠三个苹果支撑两天。即使在无比寒冷的夜晚，生火取暖也不过是个遥不可及的梦想。如果能有支蜡烛让我晚上可以学习，我就会觉得自己是全巴黎最幸福的人了。

塞缪尔·约翰逊在牛津求学的时候，穿的鞋子都磨破了，以至于连脚趾都露出来了，但他还是把别人放在门口准备送给他的新鞋从窗口扔了出去。在伦敦的时候，有时候他仅靠九美分来维持一天的生活，像这样的艰苦生活持续了十三年之久。约翰·洛克在逃亡期间曾经住在荷兰的一个阁楼里面，仅靠面包和白开水来维持生活。克里斯蒂安·海涅很多个晚上都是枕着书睡在仓库的地板上的。哈丽雅特·马蒂诺也是在贫困的鞭策之下才留下了如此之多的著作的吧。

爱默生童年时的经历算得上传记中的传奇吧。孩提时的他因为没有钱租书，以至于看完了上卷看不起下卷。年轻守寡的母亲也没有多余的钱为他支付区区五美分的租金。

就是这个爱默生，后来对着自己娇生惯养的儿子说道："可怜的孩子啊，你根本无法体会我儿童时代所受的那些苦。那可是一大损失啊。”

正是由于从小就迫于生计而必须自谋生路，爱默生才作为老师取得了人生的第一次成功。他说：“我知道，坚忍不拔的精神是崇高灵魂的象征。这是一种经历人事沉浮、命运变迁之后依然痴心不改，满怀希望和勇气去克服一切困难、不达目的誓不罢休的精神！除此之外，我不知道还有什么可以象征这种高尚的精神的！”

一定要成功！

路易莎·奥尔科特靠耍耍笔杆子就赚了二十万美金。但在她一边教书一边做着作家梦的时候，她父亲递给她一份被文艺杂志《大西洋》(*Atlantic*) 总编菲尔兹先生退回来的稿件，上面写着总编的一段话："告诉路易莎，一心一意教书吧，她绝不可能成为一个成功的作家。"路易莎立刻辩驳道："告诉他，我一定会成为一个有名的作家，成名之后我还会给《大西洋》投稿。"没过多久，她在《大西洋》上发表的诗歌得到了朗费罗先生的赏识，将它与爱默生的作品相提并论。后来她在日记中写道：

为了能让家人过上正常的生活，二十年前我就下定了决心，只要是自己做得到的事情，无论如何我都要去做。现在四十岁的我终于做到了这一点。我还清了全部借款，甚至包括法律上已经明确没有偿还义务的高利贷我也还了。我们过上了衣食无忧的生活。不过我也因此付出了健康的代价。

锲而不舍

“我将‘不可能’踩在脚下。”查塔姆勋爵如是说。米拉波则发出了这样的诘问：“如果我们不能在任何情况下都战胜一切，我们何以称自己为人呢？”

那么，查尔斯·J·福克斯是怎么说的呢？他说：“一个年轻人首次演讲即获成功，这固然很好。但他未必会继续前进，因为他也许会因为自己的首次胜利而暗自得意，反而变得不思进取起来。而那些首次尝试中虽未能成功，却继续不懈努力的年轻人将会取得更大的成就。”科布登首次站在曼彻斯特议会的演讲台上的时候几乎完全崩溃，连议会主席都替他向大家道歉。尽管如此，他仍然不放弃自己的道路，为了能让英国的所有贫困阶层得到更多价廉物美的面包，他作为他们的代言人一直奔走不息。年轻的迪斯累里出自遭受憎恨和迫害的犹太民族，但他很快就跻身于中产阶级，进而又顺利地跨入了上流社会，最终堂而皇之地进入了政治权力和社会影响力的巅峰。据说他第一次走进下议院的时候，遭到了其他议员的讥讽、嘲笑甚至拒绝，但他还是冷静地说：“总有一天你们都要听命于我。”不久那一天真的到来了，后来迪斯累里在长达四分之一世纪的岁月里都称霸于英国政坛。

如何朝着目标前进

人们常说，天分、才能、运气、侥幸、聪明，以及礼貌等都对成功大有裨益。除了运气和侥幸，其他各项确实都是成功的重要因素，但是，即便满足了其中几项或是所有条件，如果没有明确的目标、没有坚定的决心，任何人都未必能够成功。社会上随波逐流的人大有人在。有些人稀里糊涂就做起了买卖，有些人不知不觉间踏入了社会，有些人鬼使神差地混入了政界，也有人一厢情愿地沉迷于宗教迷信之中。追风逐浪时，若顺风顺水，则一切尚好；一旦风向逆转，则万事皆休。斯托克说："大部分人的一生不过是随波逐流而已，与其说他们是出于某种特别的原因而立志选择了某个职业，还不如说是满不在乎地选择了其中的一项，他们其实也可以干别的工作，甚至他们更愿意什么也不做。"伟人们或许会有这样那样的缺陷，但却有一个共同的特点，那就是坚持不懈地朝着自己的目标奋斗。

即便现在已经是大学中的顶尖人才，或是当地最优秀的年轻人，如果没有贯彻自己目标的执着精神，那么这个人将来也绝对不会取得大的成就。许多人本可以成为优秀的音乐家、艺术家、教师、律师或医生，最终因为缺乏这一品质而难成大器。

执着精神是能够获取他人信赖的一种力量。无论是谁，都会信任那些一直坚持目标的人。一旦他出手去做某件事，就相当于已经成功了一半。因为不只是他自己，就连所有了解他的人都相信，像他这样的人无论做什么都会有一个完美的结局。人们知道，那些视绊脚石为垫脚石的人是势不可挡的。他们不惧怕失败，即使面对批评与诽谤也不会放弃使命，不会逃避责任；他们像水手一般执着，无论遭遇怎样的狂风暴雨都会将自己的罗盘牢牢地指向北极星，毫不动摇地驶往目的地。

一个坚持不懈的人决不会停下来去考虑成败，他所面对的唯一的问题就是如何前进，如何走得更远一点，更接近自己的目标。他发誓哪怕要翻越崇山峻岭，蹚过激流泥沼，也要不达目的誓不罢休。其他任何想法都必须服务于这一大目标。

愚笨平庸的人获得成功，才华横溢的人遭遇失败，这样的奇闻怪事在美国历史上屡见不鲜。但仔细分析这些案例，就会发现那些看似迟钝平庸的年轻人之所以能够获得成功，其秘诀就在于他们具有非凡的毅力，不管面对何种困难他们都有着坚如磐石的意志，面对任何诱惑他们都能做到心无旁骛。

三件必要的东西

“有三件东西是必需的”，查尔斯·萨姆纳说，“第一是毅力，第二是毅力，第三还是毅力。”

光有好机会是没什么用的。如果没有坚强的决心和充沛的体力支撑一个人去干一番事业，教育也没有意义。如果没有毅力，再精彩的开端也是徒劳。一个萎靡不振的人，一个摇摆不定的人，一个缺少主见和勇气的人，对社会没有多大用处。最终统御世界的是坚忍、耐力、毅力和勇气。

英国有七位主教因拒绝协助国王颠覆新教而受到审判。[1]为了迫使一些陪审员在饥饿难耐之下做出妥协，连执勤的军官都受到了严格的监视，以防止他们送食物给陪审员。唯一被允许送进去的是洗漱用的水。陪审员们是如此之渴，以至于把那些水都喝掉了。起初有九人主张无罪，三人认为有罪。少数派中的两位很快也让步了，但还剩下一位阿诺德[2]先生十分固执，不肯妥协。于是，主张主教无罪的奥斯丁对他说：“你看，在十二个人之中我最强壮，块头也最大，哪怕瘦到皮包骨，我也会一直待在这里，直到你同意此次起诉不过是诽谤中伤。”阿诺德在第二天早晨六点终于屈服了。

逆境赐予我们顽强的生命力

是的！我完全献身于这种意趣；
这无疑是智慧的最后断案：
要每天每日去开拓生活和自由
然后才能够作自由与生活的享受。

——歌德

欧文说："有趣的是，有些思想具有重塑一个人的神奇力量，使他们在逆境中崛起，在孤独的道路上势不可挡地战胜一切困难。逆境使人坚强，障碍带来力量，每跨越一道障碍，我们就拥有更大的能量去跨越下一道。历史上有无数男女都是凭借钢铁意志和坚定决心，拯救自己于耻辱、贫困和不幸之中。"

成功不是看一个人成就了什么，而是看他遇到过什么样的阻力，看他面对前所未有的困难的时候是否有足够的勇气去沉着应对。在人生的征程中，决定名次的不是我们跑了多远，而是看我们如何在不利条件下克服障碍并完成比赛。

亨利·沃德·比彻说："正是失败，使我们的骨骼坚如燧石，肌肉强健有力，使男人变得不可征服，并赋予了他们傲视群雄的英雄气概。因此，不要害怕失败，当你为了自己梦寐以求的目标而遭遇失败的时候，其实是你离成功最近的时候。”

纽约州州长西摩是一个富有感染力的人，他对自己的人生做了这样的回顾：“如果要抹去过去的二十件事，我会选哪些呢？是生意上的失误，做过的蠢事（我想每个人都会偶尔做些蠢事），还是我的各种抱怨？不，绝对不是这些，因为我从中学到了很多东西。所以我的结论是：我应该抹去的是成功而非失败。我不能没有屈辱带给我的滋养、悲伤带给我的升华，我需要这一切。”

钱宁说：“任何环境都少不了艰辛、危险和痛苦。我们往往想避开这些，渴望有庇护之所，走平坦之路，结交令人欢欣鼓舞的朋友，期待完美无缺的成功。但上帝安排了风暴、灾祸、战争和苦难。因此，能否善用逆境从根本上决定了我们能否达成目标，在身心上是否变得更加强大。外在的不幸是为了唤起我们的激情、激发我们潜在的才能和美德。有时候它们能够创造出全新的力量。把困境看作构成这个世界的一个要素吧，对抗困境才是我们真正的事业！”

困窘的环境，人为或自然的阻碍，意想不到的各种变故，以及其他形形色色的困难，都不能使我们沮丧，反而让我们挖掘内在的才智，寻求上帝的力量，为追求更加宏伟的人生目标扫清道路，奋发向上，我们也将在这个过程中迅速成长起来。有道是：

自古英雄多磨难，从来纨绔少伟男！

鼓起勇气、张开双臂
迎着人生的风浪前进吧，
躺卧在鲜花盛开的岸边
只会与上帝手中的机会擦肩而过！
袒露你的胸膛
去迎接那刺骨般的寒风吧，
在贪图享乐的同时
千万不要丧失坚定的毅力和伟大的目标。

Better to stem with heart and hand
The roaring tide of life, than lie,
Unmindful, on its flowery strand,
Of God's occasions drifting by!
Better with naked nerve to bear
The needles of this goading air,
Than in the lap of sensual ease forego
The godlike power to do, the godlike aim to know.

——惠蒂埃

结束语——正直的生活

穆迪第一次来到爱尔兰访问的时候，朋友将他介绍给一个商人，这个商人立即问道："他是个 O.O. 的人吗？"

"O.O." 就是 "Out and Out"（彻底），商人想知道他是不是一个全心全意追随上帝的人。后来穆迪回忆道，当时的自己还是个比较迟钝的人，对于信仰还不是十分坚定，虽然知道上帝决定一切，但只要一说到有关善恶判断的重要问题，自己也不知道该站在哪一边，当时完全迷失了信仰。

在《旧约》中，有许多关于"断定谷"和如何培养完美人格的故事。那些缺乏"健全意志力"的人近似于恶魔的化身，他们十分容易受别人操纵，以致心甘情愿地堕落为别人的工具或仆人。

上帝照着自己的样子造人[3]，对于人类来说，果断而坚决地按照上帝的意志办事，将上帝的意志作为自己的最高训条，是最明智、最有益、最适宜的。

人们将自己的意志融入上帝的意志之中，这将是无与伦比的荣耀！唯其如此，个人的钢铁意志才不会沦为自私自利的工具，才会有益于人类的发展。

上帝真的说话了吗，还是没有说话？如果说了的话，那么聪慧之人肯定听到了。

为了追求世间真理，我们上下求索；
碑林和史册，
灵魂绽放的花丛，
都是美好、纯真与善良的采撷之所：
探寻终极真理的疲惫，
让我们饱尝探寻之苦，
回到家中才算明白，
所有圣贤说过的良言
都在母亲读过的圣经中。

We search the world for truth; we cull
The good, the pure, the beautiful,
From graven stone and written scroll,
From all the flower-fields of the soul:
And, weary seekers of the best,
We come back laden from our quest,
To find that all the sages said

Is in the BOOK our mother read.

——惠蒂埃

鲜花盛开的大地、频频啼叫的鸟儿啊，
黑夜闪亮的星星啊！
你们心中的神在召唤：
人啊，聆听上天的歌声吧，
站起来，越过时间的障碍吧；
这样的话，就能达成远大目标，
就能掌握不朽的生命。

O earth that blooms and birds that sing,
O stars that shine when all is dark!
In type and symbol thou dost bring
The Life Divine, and bid us hark,
That we may catch the chant sublime,
And, rising, pass the bounds of time;
So shall we win the goal divine,
Our immortality.

——卡罗尔·诺顿

译 注

1. 这场审判发生在反天主教的背景下。英国国会限制天主教徒担任公职和参与其他社会活动的权利。但詹姆斯二世是个虔诚的天主教徒，他认为保护天主教徒的权利是其职责。1687 年 4 月 4 日和 1688 年 4 月 27 日詹姆斯二世两次颁布《信教自由宣言》，中止了对天主教徒的限制，使其能够担任公职，并命令国教会的神职人员在其教会中宣读宣言。国王的命令普遍不得人心，以坎特伯雷主教为首的 7 位主教向国王递交了请愿书，一方面表示忠于国王，一方面婉拒了国王的命令。请愿书激怒了詹姆斯二世，他视主教们的请愿为叛乱行为，立即将其投入伦敦塔，并以诽谤国王罪启动诉讼程序。控辩双方在诽谤问题上发生了争议，王国政府认为主教们应向国王的法院提出申诉或恳请国会发起动议。他们没有这样做等于是煽动人民敌视国王。主教们的辩护律师认为，主教们只是行使所有英国臣民都享有的相同权利。律师团认为，当合法的权利受到侵害时，任何人可不受限制地向国王请愿。四名法官主持了这场审判。在向陪审团提交他们的法律意见书时，对主教们是否犯了诽谤国王罪这个问题，法官们分成势均力敌的两派。陪审团却勇敢地做出否决王国政府的裁决。这场审判的意义已超出了英国。在历史上，它标志着反制行政部门的第一个重大决议。陪审团取消了不公正的法律，因此历史学家将这个案件视为司法从行政控制中解放出来的标志。美洲殖民者没有忘记这一历史教训，他们将这个案件视为人民对反抗暴君的政治意愿的执行，因而对那些相信三权分立的美国早期共和主义者产生了极大的鼓舞。

2. 阿诺德（Michael Arnold, ？ –1690）：英王詹姆斯二世的酿酒师（1674–1688 年）。从祖父那里继承了一家酿酒厂，该厂在查理一世统治时期规模就已不小。1685 年成为詹姆斯二世国会中颇为活跃的议员。他在历史上留名是因为他在 1688 年审判七位主教时担任陪审员的言行。陪审团在下午 5 点退庭，直到午夜只有阿诺德一人还坚持七位主教有罪。他这样说："不管我怎么说，我下半辈子算是毁了。如果我说无罪，那我肯定不能为国王酿酒了；如果我说有罪，那我肯定不能为其他人酿酒了。"

3. 语出《旧约·创世记》第 1 章第 27 节。

附　录

来自幸福的成功者的十七封信

编者的话

书信，由于是从与平时迥异的角度来观察“成功的秘诀”，于是就产生了全新的理解。《来自幸福的成功者的十七封信》就以这种新的理解来解决一直困扰你的问题。

这些信令人想起越南高僧一行禅师[1]曾经说过的话：“用‘寂静之声’将自己的真实心情传达给对方，就会培养出理解与爱来。”

书信乃是“寂静之声”，能够将自己的心情传达给读者。即使做不到面对面地交谈，书信也能够将心情完整地传达给对方。这并非因为文笔的精妙，而是在用心写好的书信中有一种能够引起深度共鸣的“寂静之声”吧。

作者或许认为，与那些梦想成功或梦想成为亿万富翁的年轻人面对面地交谈，很有可能会演变成一种强迫式的说教，所以他采取书信的方式，给青年人传授“走向成功的智慧”。

本书精选了一些对现代社会生存十分必要的东西，如：引导工作走向成功的秘诀，一生中最重要的东西，过上优裕生活的窍门，自己免于受批评的方法，如何看待缺点，等等。

每封信只有三页纸左右，一眨眼的工夫就能看完，并让你思考如何才能度过幸福的一生这样的问题。这些书信的内容非常丰富，与其去找那些又厚又长的指南书看，不如直接读这十七封信就足够了。说到底，人生的关键或许用一句话就能概括。读了这些信，那句话会深深铭刻在你心中。

另外，为了使这本书能够作为教科书使用，一些重要的关键词都加了着重号。轻松愉快地读这些信，成功的真正秘诀就会深入你的心中……这可能就是本书的初衷所在吧。

辉煌的成就自是非同小可，若因本书而取得一些小小的成功，编者便不胜欣慰。

第一封信　最好的礼物

感谢你的来信，我一字不漏地读完了。

你立志成为一个百万富翁，并踏出了成功的第一步，我对此颇感欣慰。不管出于何种动机，挑战自我都是十分有意义的。我并非要替你的父母来教导你，只是想送上一份我现在拿得出来的最好的礼物给你。

这个礼物，就是能激发你一直沉睡的潜能，并引领你走上丰富多彩的人生的“成功秘诀”。

也许比起成功秘诀来，你更需要资金援助或人脉介绍，但在读完这封信之前，那些都还言之尚早。我也曾经觉得反正随时可以见面，不妨在见面的时候直接跟你说说，但我还是认为书信更加有助于你理解这个秘诀。这封信也是花了很多时间一点点写成的，所以请你务必好好读一读。这可不是一般的秘诀，要用心细读……

你也知道，我曾经写过一本叫作《勇往直前》的励志方面的畅销书，还创办了与成功相关的专刊《成功》。该杂志刊登了采访到的各行各业的成功人士的成功秘诀。我的书和杂志正如其名“成功”一样，得到了不少胸怀实现美国之梦的年轻人的青睐。

我把自己的成就说给你听，并非为了吹嘘自己，而是想让你明白，我的工作本身就是“研究成功的秘诀”。另外，如果要把我所知道的与成功有关的东西都写下来，至少能写几千页，但最终我将成功的秘诀概括为这几十页的文字——也就是这些信。

你可以把我比作一个技法高超的钓客，很多人最想要得到的是我钓到的鱼，也就是金钱。但是，把钓到的鱼吃完了也就完了，也就见底了，而一旦学会了钓鱼的方法，即“成功的秘诀”，就能享用一生……而且，自己钓到的鱼味道会更加鲜美哟。你是想要客客气气地从我钓到的鱼里面分一杯羹呢，还是想学会钓鱼的秘诀呢？

我们还是进入正题吧。

首先我想让你知道“目标的重要性”。这应该是尽人皆知的成功秘诀，但其中隐藏着大家都会疏忽掉的秘密。

很多人都没有注意到这个秘密，始终在成功的大门前徘徊。能否发现这个秘密直接关系到成败问题，这绝非危言耸听。

你也读过一些介绍成功的书籍吧。不妨再回想一下那些书的内容……其中一定会有“能够达成任何目标的成功秘诀！”之类的广告词吧？

这种说法真的很诱人。但是，它与“包治百病的灵丹妙药”的说法并无区别。其实那样的药并不存在，那样的广告词也不过是虚假广告而已，决不要相信那些用广告词堆砌起来的所谓的秘诀。

如果一定要对该广告词加以修正的话，可以改成：“只要设定了正确的目标，成功的概率就会大幅提升，实现目标的秘诀就在于此！”

其中的不同，我想你在读信的过程中会慢慢理解，而这种理解正是获得成功的最重要的东西。

另外这一秘诀并不只是让你成为一个通俗意义上的成功者。那些所谓的成功人士虽然经济上很富裕，但独自一人孤独而终的现象也屡见不鲜。

能否成为幸福的成功者，完全取决于你有着怎样的目标。

记住，一个幸福的成功者首先取决于他的目标而非他的努力。那么，你确立的目标是否正确呢？

第二封信　关于你的动机

姑且让我们分析一下人们渴望成功的动机吧。在每个人的内心深处都怀有一颗渴望成功的心，或想做个有钱人，或希望梦想成真。这样的想法有时是受到一些振奋人心的事件的激发而将人们引向成功之路的。

你的动机确实很有趣。

（我抱着对未来的巨大期待投身职场，却找不到值得尊敬的前辈。我有潜力，有梦想，但若故步自封于此处，定会磨灭我的潜力，成为和他们一样死气沉沉的人。我不是为这样的人生而生的……他们说，人生就是这样，理想与现实总有鸿沟，但我觉得那不过是失败者的悲鸣……所以我决定辞去工作，向成功迈进。）

你的动机确实是一种新鲜而又率直的反应，从中能感觉到年轻人的朝气。如你所言，人们长期在同一家单位工作，不知不觉就会变成唯命是从的机器人。虽然交代下来的事情都会做好，但很少会提出自己的观点，也不会主动去打头阵。

你看到那些老员工就像看到了自己的将来，但他们年轻的时候不也跟你一样内心充满了希望吗？……问题是，他们为什么会沦落到今天这种毫无斗志的地步呢？这是你应该去思考的问题。

你渴望成功的动机，对现在环境的不满和对将来的不安是最主要的。你希望摆脱现在的不安，期待着未来的富足平安。那种强烈的不满足感会激起你内心深处对于成功的渴望。于是还需要你考虑另外一个问题：你认为你的不满和不安的深处究竟是什么呢？

在第一封信中我写到，你首先要明确“目标的重要性”。是否理解这一点，对于一个人的人生来说，可谓“毫厘之差，天地悬殊”。

每一天都是人生的一个缩影。夜晚就是白天的“审判时间”。在“审判时间”你要对自己进行反思。一天并不算长，在这一天之中你的内心又有多长时间是被不满和不安所支配呢……

尽管你有可能不大认同，但我还是说说我的结论吧。

在你的内心深处看不到自己梦寐以求的目标。你的所有的不安都是来自这一点，对不对？

除此之外，我甚至觉得“你并没有去寻找实现目标的秘诀”。你整天想着“我要成功，我要富有”，于是老想着自己该怎么做，把太多时间花在了寻找成功的方法上了。

“寻找方法”归根结底是“寻找目标”。我觉得你读那些励志书的理由，最终目的还是在寻找那些激荡人心的、不会背叛自己的、值得信赖的东西，也就是说，是在寻找能够解决你的根本问题的目标……

在这封信的最后，我把成功秘诀写得更具体一些吧。

成功的秘诀包括“设定目标的秘诀”和“达成目标的秘诀”这两部分。要知道，设定与达成虽然发音相似，但意思迥然不同。如果用数字来表示这两个秘诀对成功所起到的作用的概率的话，“设定目标的秘诀”占成功要素的 80%，“达成目标的秘诀”占成功要素的 20%。

这就是 80:20 的成功法则。所以，你能否成功，80% 取决于能否设定正确的目标。

所以，“设定目标的秘诀”对于现在的你才是最重要的。它就是我打算给你的“最好的礼物”!

第三封信　成功指南的陷阱

很高兴你对我的礼物感兴趣。看来我终于能够成为受欢迎的圣诞老人了。

不知你对“慎重”之举有何看法?

世人经常嘲笑那些“摸着石头过河”的人是胆小鬼。但慎重并非胆小。就像登山达人即使面对一座轻而易举就能爬上去的山也不敢有丝毫懈怠一样。他要为应付天气突变之类的最坏情况进行慎重准备。不存在慎重过度而无法付诸实施的问题。慎重如同挪亚方舟，能延续生命。成功的秘诀就在于在风暴来临之前动手做好方舟。

但是，即便对梦想成功的年轻人说：“要冷静，慎重考虑目标，切勿放松准备!”也很少有人听得进去。就像忠告坠入爱河的年轻人“你和对方真的般配吗”一样。渴望乘风破浪奔向成功的挑战者一心想的是：“有了目标，无论如何也要成功，我想要知道的并非目标，而是达成目标的秘诀。”

当然，也有人在内心深处还对自己的目标将信将疑。但他们都把这种疑惑掩饰得深藏不露。另外我们是用“达成目标的秘诀”的频率来读书和听取过来人的经验之谈的，因而注意力往往集中在达成目标的秘诀、而非设定目标的秘诀上。

但是，即便本人意识不到，如果在潜意识里仍然抱有“对目标的怀疑”，那最终仍然会削弱达成目标的秘诀的效力。对目标的怀疑会阻碍成功。

虽然励志专家高呼“先要选好工作，这个最重要！再根据工作设定自己想要达成的目标。然后设想一下自己实现了目标时的情形……”，但总会自以为是地理解为“大胆设想目标实现之后的情形，只要坚持不懈地积极努力就一定能够成功”。

在这种情况下，再好的成功指南书也无法帮你找到根本的解决之道。

尽管手里握有达成目标的秘诀或点石成金的名著，每天也在坚持不懈地努力，但就是难以成功。而且，还会因为这个缘故一直为“接下来我该怎么办”而苦恼，这就跟不停地兜圈子一样。对设定目标的轻视，使得渴望成功的人掉进了成功指南的陷阱。遗憾的是，几乎所有挑战者都掉进了这个陷阱。

我曾把自己比作技艺超凡的渔夫，曾经说要教你钓鱼的秘诀。要钓鱼，就要先找到“有鱼的地方”。在没有鱼的水面下，无论投入多么美味的鱼饵也钓不到鱼。找“有鱼的地方”最难。有鱼的地方就是“目标”所在，找到这个地方，也就是找到目标，才是最重要的成功秘诀。

以工作为例，最重要的是从“做什么工作”，即选择职业入手，然后才能设定“在这项工作中自己的目标是什么”这样的具体目标。这一系列的选择就是关于工作的目标设定。

试想一想那些能够跻身奥运赛场的成功人士吧。他们站在了世界的巅峰。这样的成就既来自天赋和努力，也与他们具有不同寻常的忍耐力、积极性、集中力、想象力有关。有了这样的能力，就可以所向披靡，无往不胜。但是，他们在退役后的人生中如果选错了目标的话，就只能沉浸在过去的光环中度过悲惨的一生。

你看，这就是目标的力量。目标的选择直接决定人生。这里我写下成功的公式，希望你牢记在心。

目标 × 努力＝成功的大小

第四封信　成功的公式

接下来就 目标 × 努力＝成功的大小 这个公式进行说明。首先需要注意的是，这是一个乘法公式。因此，如果目标和努力之中有一项是负数的话，那么成功的大小也会变成负数，即失败。负数的数值越大，失败也就越大。

通常我们不会考虑目标和努力是正数还是负数。即便是数值化了，我们也是按百分制给成绩来打分，一样只会考虑 1—100 这样的正数。但目标和努力还有 −1— −100 这样的负数。这就是说，目标和努力不但包含“量”的要素，还包含“质”的要素。“量”可以用 1—100 这样的正数来表示，而“质”则含有负数。不妨举几个简单的例子来说明目标和努力的正负关系。

	正面的目标		负面的目标
1	真正追寻的目标	→	并非真心想追寻的目标
2	基于社会公德的目标	→	违反社会公德的目标

特别是违反社会公德的目标，越努力结局就越不幸。犯罪者不是成功者，报复会催生新一轮的报复与仇恨。另外，为了达到

目的而肆意践踏人们的诚实之心，不惜牺牲别人的人，最终会在悔恨心理的支配下，背负着罪恶的十字架度过余生。而且，并非自己一心追寻的目标，而是一时冲动之下所选择的目标，即便实现了也毫无价值。

	正面的努力	负面的努力
1	乐观的努力	悲观的努力
2	正面思考的努力	负面思考的努力

悲观和负面的努力，如果比作开车的话，那就像拉着手刹轰油门一样。在对成功缺乏信心、又疑神疑鬼的状态下努力，不但会承受很大的压力，也很难使努力转化为成果。一旦确立了目标，就必须具有有志者事竟成的乐观思想。悲观与消极的想法都只会招致混乱与损失。

面对那些负面的因素，要有自己的坚定信念。“人生没有减法，一切都是经历。”这句格言听上去虽然带有训导之意，但一个渴望成功的人是决不能有这种暧昧的看法的。

比如，你不妨想一想自己的缺点和不足吧。

谁都不愿意别人了解自己的缺点。关于缺点，也就是不足，一般性的指导意见都是“变缺点为优点”，或者“不要太在意自己的缺点，取长补短吧”之类。特别是最近的性格分析专家们根据这样的评价方法，开发出了一套用数字来表示一个人的完美程度的系统。但是，这样的评价体系多是奉行加分主义，过于注重优点，忽视缺点。

如此一来，如果把一个人评价为高效、进步而又积极，用数字表示的话就能得出 80 分的高分。

但是，在现实生活中，即使有人真的能得到这样的高分，也会因为某处不足所引发的过失而功亏一篑。了解缺点，正视不足，并克服之，其重要性决不容我们掉以轻心。

同样，在目标的设定和努力的方法上，还要对自己的短处多加注意，这点很重要。无论是怎样的挫折和逆境，只要是出自正面的目标和努力，就一定会转化为利益。那些痛苦的经验一定会在你需要教训的时候不期而至。

但是，负面的目标和努力之后的失败往往会引发无可挽回的大失败。这样的失败几乎让你一无所获，只是徒增悔恨罢了。

第五封信 “想做的事”和“能做的事”

你认为自己梦寐以求的目标是什么？我已经告诉过你，无论你运用多么好的成功秘诀去实现它，一旦目标设定错了就无法成功。但是，即便目标设定正确，成功也只有80%的把握，如果再依照成功秘诀来做，就可以确保成功。还是进入正题吧。现在到了最重要的地方了，你要集中注意力好好读……

首先把这一坚定而又正确的目标称之为“通向成功的目标”。要成功，就有必要“设定通往成功的目标”。你不妨反复念念下面这句话：

为了成功，首先要设定“通向成功的目标”。

所谓“通向成功的目标”，其实是由下面列举的两个基本要素和七个目标单元构成的。首先解释一下两个基本要素。

“通向成功的目标”的两个基本要素

① 喜欢的事、想做的事、想要的东西

② 能做的事、擅长的事、必要的东西

这实际上很单纯。但简单与单纯是不一样的。成功并不简单，但可以通过这样单纯的思考和行动的不断累积获得。①所说的喜欢的事、想做的事、想要的东西不必进一步说明，按字面意义理解即可。但②所谓的能做的事、擅长的事、必要的东西是什么呢？

我从你还是个孩子的时候就认识你了，所以你擅长什么、喜欢什么，我都有自己的理解。如果我对你说："你擅长这个呀！"你根据我的意见来选择目标，我想那会损害你选择目标的自主性。对方没有提出要求就出言相助，只会变得多管闲事。

设定"通向成功的目标"，自主性非常重要。父母爱对孩子说："快去学习！"这会抹杀孩子自发学习的积极性，道理是一样的。

要让对方行动起来，激发对方的主观能动性，让对方觉得是自己想去做才是上上策。设定成功的目标时，虽然也会受到别人的客观意见的启发，但在接受指点之前自己应该先主动地问对方"你觉得我擅长什么"会比较好。因为是自己主动发问，一定能将对方的意见听进去，并牢记于心。

言归正传。最终，你必须自己考虑想做的事、能做的事，自己发现"通向成功的目标"。发现目标的方法后面会说明。若不加说明，只是说："去寻找成功的目标吧！"这会让听的人不知如何是好，只能在迷茫中苦心琢磨了。这样的说法只会让人一头雾水。

“通向成功的目标”图示如下。

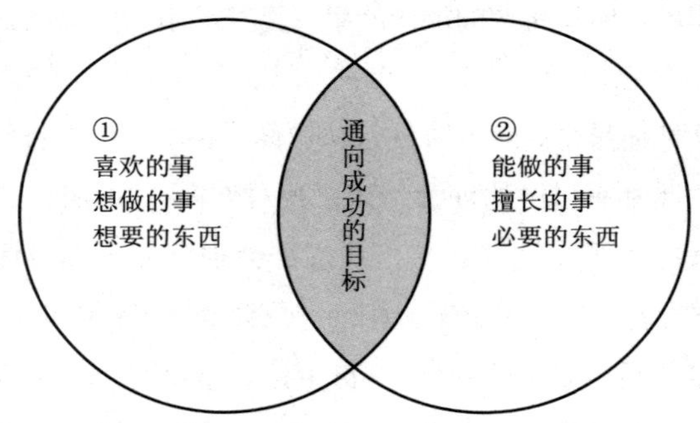

通向成功的目标就是要素①和要素②的重合点。首先准备一张报告纸，在中央画一道竖线，在左侧最上端写上①喜欢的事、想做的事、想要的东西，在右侧写上②能做的事、擅长的事、必要的东西。什么都可以，按照自己的想法写出来。如此虽不能立即确定目标，也可以想象出成功的目标的大致图景了。

第六封信　七个目标分类

兼备①喜欢的事、想做的事、想要的东西和②能做的事、擅长的事、必要的东西这两大要素的目标，还要根据下面列出的七个目标分类来进行细分。

接下来就要列出 7 个目标分类，所以请按照上封信结尾部分所说明的那样准备好 7 张报告纸，在每一张纸上写一个分类，并在纸中间画一条线，在左栏部分写出满足①中一个以上的条件，在右栏部分写出满足②中一个以上的条件。

七个目标分类

1　工作
2　健康
3　家庭
4　教养
5　兴趣
6　精神
7　金钱

工作	
①	②
喜欢的事　想做的事　想要的东西	能做的事　擅长的事　必要的东西

家庭	
①	②
喜欢的事　想做的事　想要的东西	能做的事　擅长的事　必要的东西

这七个目标分类是人生成功不可或缺的因素。详细分析这 7 个分类之后就会发现，缺少其中之一，成功就失去了意义。

人生的成功需要平衡。这种平衡是成为“幸福的成功者”的必要条件。

另外，第七项金钱是指个人的财产，事业的财产则另当别论。

人们常常会提到“成功的代价”一词。它指的是一旦发了财就要付出妻离子散的代价。值得注意的是，这完全是荒谬至极的误解。

所谓成功的“代价”，就是指要付出比别人多一倍的“努力”。成功离不开努力。如果所付出的努力并不比周围人多，那就不可能取得优异的成绩。

但是，如果不重视上述 7 个目标分类的平衡，努力就会带来牺牲。认为成功必须有所牺牲的想法也会成为一种压力。这样的压力会演变为“我可一直都在尽自己最大的努力”这种对周围的不满，这也是破坏人际关系和健康的原因。

但是，成功的目标若是囊括了①和②的要素，那就会是一件快乐的事，压力也就小了。因为是以轻松愉快的心情投入其中的，所以即便付出双倍的努力，也不会觉得不值得。

另外，说到“专注一个目标”，也是一个容易被误解的秘诀。确实，专注于一个目标十分重要，但它指的是工作的时候要聚精会神，不能分心，而不是说人生的目标只能有一个。

把目标按七个分类来设定，大大增加了目标的“量”。一个幸福的成功者，一个能做到持中守正地度过此生的人，想做的事情可谓堆积如山。

要不要闭着眼睛走走看？肯定会很快跌倒。目标正是我们的视野。看得到目标自然没有问题，看不到目标的话就会错过漏过，没有设定好的目标分类最终会形成缺失。

特别是高层次的成功绝非一蹴而就。要想成为一个幸福的成功者，就要扎扎实实地在 7 个细分目标上设定大量目标。

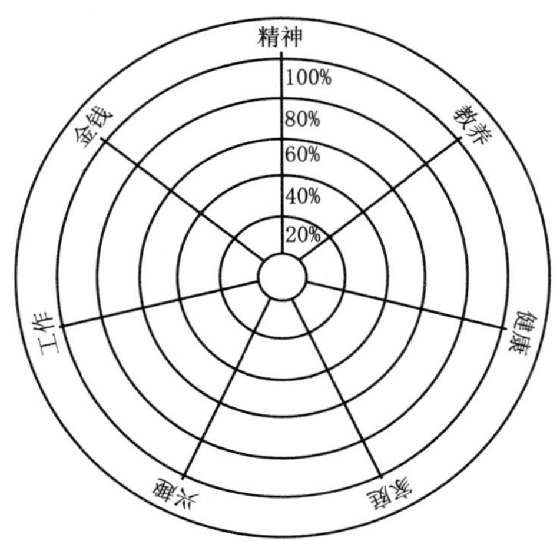

※ 这是构成幸福成功者的七个辐条，虽然未必能形成正七角

形，但能不能试着接近呢。考虑一下自己现在对每个细分目标的满意程度，用线连起来。如此就能发现自己不足的分野。幸福的成功取决于能否平均地达成这七类目标。

第七封信　欣赏真实的自己

为了确立通向成功的目标，还有一点很重要，就是清醒地认识自己（自我认同）。认识真实的自己，并对此保持自信非常重要……这是“通向成功的目标”的基石。

迄今为止我当面问过几百位成功者“您成功的秘诀是什么？”这一问题，所有的成功者都会一边谈自己的童年或者父母的故事，一边讲述自己的成长经历。

明白了吧？我并没有向这些成功者提出“讲述一下你的过去”的问题，但他们被问到“成功的秘诀”的时候，都会谈起自己的成长经历。他们对于自己究竟是怎样一个人，以及自己为何会确定那样的目标这种关于目标的缘起的话题谈得津津有味！

成功者十分了解自己，从而确立了自己的同一性，而且对于真正的自己、真实的自己也是颇为欣赏的。这就是说他们具有自尊心。这种自尊心成为追求成功的人所不可动摇的信心。这就是成功者所共有的显著特征。

过去的记忆是人最神圣的部分，人们通过记忆认识了解自己。若是没有了记忆，就会像台词“这是哪儿？我是谁？”一样，无法认识自己，要想弄清自己是什么、我是怎样的人这样的疑惑，就要唤起过去的记忆并进行细致的整理。

如果能对自己有清醒的认识，并对自己持欣赏态度，就能很快发现目标。反之，不了解自己，不懂得欣赏自己，即使发现了目标，因为讨厌自己，也会讨厌自己设定的目标——就像不自爱的人无法爱别人一样。并且也不会再试图寻找更好的目标。

为了设定通向成功的目标，必须先学会“欣赏真实的自己”。想想“我是怎样一个人？我擅长什么”，就相当于在问“我应该有什么样的目标”一样。

活得不像自己不但非常压抑，也无法展现个性。而且，没有自我认同就没有自尊，没有自尊就没有自信。

通过认识真实的自己，欣赏真正的自己而获得的自信，不仅自然而且强大有力。自信，如字面所示，是“相信自己的力量”，是流淌在成功者血液中的思想。

另外，既不了解真正的自己，又妄自菲薄，对自己的将来又好高骛远，这二者之间的鸿沟带来的烦恼和痛苦也会变本加厉。

与其为了成为不切实际的自己而拼命蛮干，不如先成为可能成为的自己、真实的自己，这才是成为理想的自己的秘诀。

你是在怎样的环境中长大，又经历了怎样的人生呢？

你在做什么事情的时候觉得最快乐呢？

有位成功人士说过："成年人是长大了的孩子，我作为一个成年人，为了实现童年时期的梦想而活着。"我对此深表认同。幸福的成功人士的目标中包含着童年梦想的点点滴滴。那样才是真我的体现，也是真实的自我的顺理成章的目标。

这样的目标会引导你成为幸福的成功人士。千万别忘了，幸福是源于心灵的感觉，在幸福的深处流淌着对自己的好感。

第八封信　回顾过去的自己 2

我要教给你找到“通向成功的目标”的最重要的方法，其实就是把采访成功人士的那一套用到自己身上。也就是说，你要准备好一个与那些成功人士所谈到的成功秘诀一模一样的剧本……你明白了吗？

我告诉过你，成功人士在问到成功的秘诀的时候都会谈到自己的生平。你虽然尚未成功，但在成功之前通过回顾过去的自己、讲述自己的生平，就能像成功人士一样对自己说明“成功的依据”。在这种说明的延长线上有着“通向成功的目标”。

你在怎样的环境中长大的？
父母是怎样的人？
最快乐的记忆是什么？
最痛苦的记忆是什么？
你擅长什么科目？
你曾经是怎样的孩子？
曾经向往的职业是什么？

通过不断问自己这些问题，你就能逐渐开启记忆之门。这样做就如同写自传一般。

你听说过“采访实录”这种方法吧？写报道的人向对方提出好的问题，再将对方的回答不加修饰地写成文章。作品的好坏与作者的文笔无关，而是取决于问题本身，也就是作者的采访能力。

能提出好的问题自然就会有好的回答，而这个回答其实就是真实的你，从而让你充分认识到“自己是这样的人”。这才是你成功的脚本。在写这个剧本的同时，你能更加深刻地分析自己。在其延长线上就会出现“通向成功的目标”，而且能够感觉到这个目标其实就是你自己。

尽管感到了自我分析的重要性，但迟迟不愿行动的人仍然不少。不妨给自己放假，对自己做一个全面思考……这样的想法人人都有，却不知为何迟迟不见行动。关于这种自我剖析，有位著名的心理学家这样说道：

“逃避自我剖析的人很多，那是因为他们害怕自我剖析会带来自我厌恶吧。事实并非如此，客观的自我剖析反而能加强对自己的信赖感，获得自信。”

弗洛伊德一直在劝自己门下的心理医生进行自我剖析的实践。我劝你进行的自我剖析，是为了成为一个成功人士的自我剖析。成为一个成功人士需要拥有怎样的目标呢？要找到答案，就请务必在唤起过去的记忆的同时进行深刻的自我剖析。

关于你的父母，或是你的童年；高兴的事，或是痛苦的事，当这一个又一个的记忆被再次唤醒的时候，你对自己的认识也会加深。如此一来，对于“为何具有那些知识”“为何对成功感兴趣”这一类的问题，你就会明白真正的理由。

当记忆的碎片成百上千地重叠在一起的时候，记忆的集合体就是一本自传，它展示着你自己。

通过对过去的自我的再认识来了解现在的自己。在现在的自己的基础上塑造未来的自己。对自己的深刻认识是思考“通向成功的目标”的基本信息。

深刻的理解孕育了爱。想要爱上对方，就要更加深入地了解对方。这一方法对自己也适应。想要深刻了解自己，这种哲学上的尝试会成为寻找真正目标的尝试。

第九封信　活用潜意识

接下来我对“达成目标的秘诀”做最重要的说明。

那就是，一旦“通向成功的目标”设定好了，就要先在纸上写下达成目标的日期，然后全身心投入进去。

照射在凹凸镜上的太阳光只要将焦点集中固定在某一点上就能点燃干草。同样，将目标写在纸上，贴在书桌前、记事本上、床上方的天花板上，让自己的身心都集中在目标上。这是经过很多成功人士的实践证明的极其有效的方法。

在烦琐的日常生活中，人们经常会忘记自己的目标。因此，不要觉得这种做法太老套而不以为然……是否这样做在效果上有天壤之别。

另一个更有效的方法，就是在睡觉前比较放松的时候，将写在纸上的目标大声读出来。这样能使潜意识活跃起来，按照自己的愿望来引导自己，是将沉睡的能量激发出来的最佳方法。

潜意识就是无意识。无意识就是在你睡着的时候它也不休息，二十四小时都在活动的意识。另外，就如字面所示，它是在你做某件事情的时候连自己也未曾察觉的内心的深层部分，也就是意识不到的部分。

令人惊讶的是，我们的行为似乎都受意识的支配，但实际上80%的行为都是无意识进行的，有意识的行为只有20%。这是基于科学调查的事实。

因此，人们常说“尽管脑子里很清楚，但就是没有那样去做”，其理由就是，虽然20%的表层意识已经很清楚了，但是还有80%的无意识是处在没搞清楚的状态。

例如，你读这封信时的表情也是无意识的。或侧着头，或轻轻颔首，或盘腿，或正襟危坐，这些行为当然都不是你有意为之的。另外，早上起来之后，刷牙的时候先从哪里刷起？又先穿哪一只鞋呢？

每天上班的路线一旦习惯了，就会无意识地走同样的路线。开车也是从一开始一个动作一个动作地进行确认，到习惯之后就会自然而然地无意识地完成这一系列动作。这样的无意识，也就是潜意识，在我们的行为中所占的比例是极高的。

因此，“把目标写在纸上反复诵读”的行为能将目标灌输到占据了80%的无意识之中去。让目标进入潜意识，不仅能够产生达成目标所必需的行动力，也能激发潜能，起到收集重要信息的灵敏的天线的作用。

另外，成功人士十分看重实现目标所必需的创意。这种创意可不是坐在桌子边挖空心思想出来的，但它会在不经意的瞬间灵光乍现。

这样的灵光乍现，也是已经被植入潜意识的目标在一个绝妙的时机与记忆或感觉相结合而产生的。

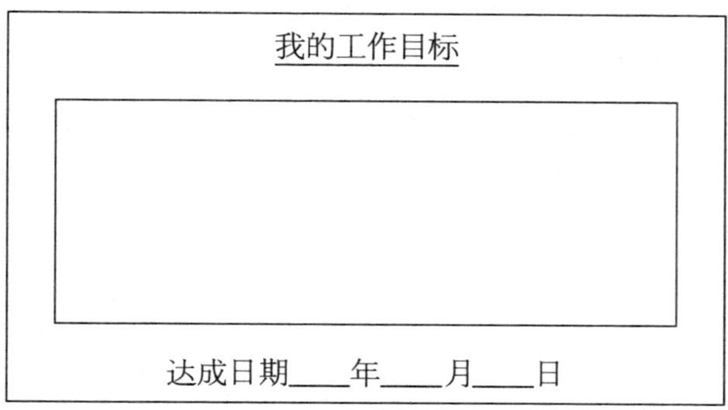
我的工作目标

达成日期____年____月____日

※ 这张纸用于填写目标，是为填写本书卷末七个目标分类准备的。

第十封信　成功的心咒

有世界首富之称的卡内基也是把“做钢铁大王，做世界首富”这一目标写在纸上，并通过反复诵读来灌输到潜意识之中的一个。

这个深入到潜意识的目标，成为他走在街上、在饭店吃饭，甚至在谈笑应酬时都能接收到必要信息的天线，让他听到许多平时根本不会去听的声音。

哪只股票在涨？业界出了什么问题？选择走投资家这条路的卡内基不断听到了各种有用的信息。

周围那些原本与杂音无异、让你充耳不闻的声音，在你将目标灌输到潜意识之中以后，突然提高了音量，让你听得真真切切。那些不经意的风景和文字也因此清晰地浮现在你的眼前。

发明家爱迪生也是将目标写在纸上，反复唱诵，牢记在心。他一直拿着一个小铁球，当他因埋头研究而疲乏欲眠时，小铁球就会“啪”的一声掉在地板上。在他因为这“啪”的响声而清醒过来的瞬间，嵌入潜意识的目标就会与神秘的力量相结合，令他茅塞顿开。

通过把这些灵光乍现的好主意记录下来，他完成了许多发明。

另外，爱迪生的朋友、汽车大王亨利·福特也是这一方法的实践者。爱迪生和福特之间的友谊鲜为人知，他们其实是经常携家人一同出游数周的密友。

那些成功人士的圈子逐渐扩展到了数十人。“将目标写在纸上，一边想象着实现目标时候的情形，一边反复诵读”这一活用潜意识的方法，作为“成功的心咒”而广为人知，它是经过了很多成功人士的实践的秘诀。

关于潜意识和无意识，很多文章都有提及，你或许也有所了解。这些入门知识十分浅显易懂，为了加深你的认识，下面我再详细说明一下。

什么是潜意识?

先不妨想想你睡着的时候。睡着的时候意识不到“我睡着了”。因为睡着了，当然意识不到，但即使是在睡着的时候，潜意识也在活动。我已经说过潜意识是二十四小时都不停歇的。睡眠时潜意识活动的一个表现就是做梦。即使你睡着了，大脑仍在活动，也就是说，你的大脑还在思考。

通常所说的“思考”都是指人没睡觉的时候的活动，说到睡着的时候还在“思考”，也许听起来有点奇怪，但通过做梦这个证据，就知道睡着的时候我们也在思考。

例如，在睡觉前把白天受困扰的问题带到潜意识之中，睡上一晚之后再来摆脱该问题。一旦睡着了，烦恼的问题就从我们的表层意识进入了潜意识的领域。到了早上，你会发现问题已经不再是问题，你已经知道如何去应对了。这是因为深藏在潜意识之中的智慧已经提供了解决问题的线索。

潜意识是二十四小时都在不停地工作的，因此，在醒来之后它仍然在不停地工作。比如洗澡的时候、开车的时候突然计上心头就是证据。虽然没有刻意去思考某个问题，但突然间恍然大悟，这也是在没有意识到的时候潜意识却在继续思考所取得的成果。

将目标铭刻于潜意识之中，就会形成带来奇迹的魔力。艾伯特·哈伯德[3]曾说："世上能带来名利等巨大回报的，唯有具有独创性的灵魂。"这里的灵魂，就是通过活用与宇宙相连的潜意识所形成的创意。

第十一封信　目标是激发无限可能性的密码

关于潜意识的活用我再说明一下。坐在桌子旁边“有意识地思考”和在其他场合“无意识地思考”有着本质上的区别。

有关潜意识的研究，现在已经通过科学解开了很多谜团，有关说明就够写成一本书了，我在这里需要强调一个不争的事实，那就是大多数成功者都在积极地活用潜意识。

为了让目标渗透到潜意识之中，第十封信“成功的心咒”中提到的“反复诵读目标”的效果不可限量。

这是完全值得相信的方法，经过了钢铁大王卡内基、发明大王爱迪生、汽车大王福特等诸多成功者的实践检验。

这个方法过于简单，即便我一直都在解释，但你仍然会有所怀疑：“就凭这一点呀？……”在已经能够阐明大脑构造的现代社会，有比唯心论更值得相信的证据，如果不相信，反而是非科学的。

把你梦寐以求的真正的目标写在纸上，想象着实现之后的情形，然后大声地念出来，将它牢牢地刻入潜意识中。

但千万别忘了，一切问题的核心都在于以“什么”为目标，即目标的设定。

即使把目标写在纸上、刻在心里，但如果不是自己真正想要的，潜意识就会开始抵触，目标无法在深处扎根。

你明白了吗？即使想通过自我暗示，强行将不喜欢的、不擅长的东西变为喜欢和擅长的东西，也不会被潜意识所接受。

那是因为潜意识除了具有与生俱来的本能，还保存了人最神圣的部分——所有的记忆。即便你拼命想也想不起过去的事情，潜意识也会记得你的一切。

这就是说，潜意识了解真正的你，了解真正的目标。因此，无论你怎样努力去把不适合自己的生活方式和目标刻入潜意识，结果也不能如愿，反而是越努力越适得其反，最后筋疲力尽，它所带来的压力会产生更大的问题。

所以，如果不把你内心真正接受的“就是它！”这样一个目标刻入潜意识之中，“成功的心咒”就发挥不了作用。

请铭记，目标是开启你无限延伸的可能性之门的“密码”。

作为总结，我把关于潜意识的说明用图来表示，请你看着下面这张图，就跟复习一样好好理解一下心的结构吧。

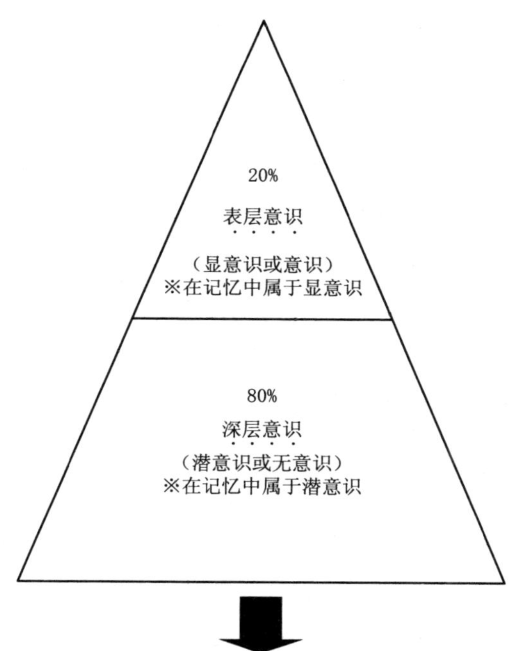

这些意识全部表现为表情、态度、语气。这里最重要的是“能否活用占 80% 的潜意识”。要想成功，重要的是不仅要把目标刻入表层意识，还要把目标刻入深层意识。

第十二封信　写决心书

接下来我将介绍一种能将目标送入潜意识的更为有效的方法。那就是在宣读目标的时候，要一边想象着目标已经实现时的情形来读。通过想象达成目标的情形能激发你成功所必需的积极性和热情。为此，你应该写一封给自己的决心书。

“给自己的决心书？”你也许会对此抱有疑问，乍听起来还会让人觉得有些难为情，但它却是一个十分认真的方法。这种做法甚至会让你感到不快，但是，很多成功者都在一丝不苟地付诸实施。

这也是促使自己下定决心的挑战书。写决心书的行为可以坚定自己的决心。通过将自己希望达成的目标，自己决心去做的事情列举出来，写成给自己的书面文章，能够进一步强化自己的目标。

没有人会无缘无故地去攀登珠穆朗玛峰。也没有人会突然成为著名音乐家或数学家。成为好的父母并非偶然，成为正直的人或优秀的公民也非一日之功。只有设定通向成功的目标，制定详细的计划并实践之，才有可能实现。

美国国父本杰明·富兰克林在实现目标的过程中也写了决

心书，并加以充分利用。富兰克林决心让自己的人生保持“道德性”，于是制作了“十三条道德修养准则”[4]一览表。他还制订了培养这些道德的具体行动计划，并对达成目标的进展情况进行检查。

总结这些“人生信条”的《自传》在当时成为畅销书，至今已有超过一亿人阅读过，后来成为成功学文献中的教科书。

你明白了吗？像这样把奋斗目标作为写给自己的决心书来加以书面化，再一边朗读一边想象着目标实现之后的情形，实践已经证明这样的方法是行之有效的。

另外，读出声音来不仅能将目标渗透到潜意识，还能检验目标的真伪。通过倾听自己的声音，可以判断出它究竟是不是自己真实意图的表述。

只用眼睛看还无法判断那是不是自己真正想要的。如果并非自己想要的目标却又一味默读，就无法觉察到内心深处对目标的不信任感，最后只会将目标打入冷宫。但是，如果你能读出声音来，一旦目标是虚假的，潜意识就会迅速做出反应：“这个目标很可疑……”，并传达到表层意识。

信写得有些长了，关于富兰克林的系统的行为规范修习方法，他曾经在一篇报道中亲自讲述过，我在下封信中再进行介绍。

另外，这“十三条道德修养准则”不仅可以作为你设定精神和教养方面的目标的参考，而且它还与达成目标的秘诀是联动的。当然，这些人生信条是富兰克林为他自己设定的目标，你自然不必盲目模仿。也有许多人觉得这些人生信条都不错，希望能够全部都在自己身上实现，但我没有见到有谁真正做到了。

目标还是必须经过自己的独立思考，自己能够完全接受，并用自己的语言表达出来。补充一句，只有自发的目标才能成为“通向成功的目标”。

第十三封信　学习富兰克林的十三条道德修养准则以及修习方法

决心书

“我的目标是达到这十三条道德修养准则。但是，并不是要一次全部达成而使得注意力分散，而是打算一周修习一条。我发誓，一定要一条一条地修炼下去，并在一年之内把下面所列十三条道德修养准则都修习完。”

1 “自制”：饮不至醉，食不过饱。

2 “沉默”：沉默是金。耳有两个，嘴仅一张。

3 “秩序”：做事有序，保证守时。

4 “果断”：一旦决定，必须实行。

5 “节约”：不许浪费。

6 “勤勉”：加倍努力，珍惜时间。

7 “诚实”：与人为善，秉持公正。

8 “正直”：不夺他利，有正义感。

9 “中庸”：勿行极端，慎防嗔念。

10 “清洁”：身体洁净，衣服洁净，住所洁净。

11 “平静”：不为小事纠结。

12 “贞洁”：性事以繁衍后代和有利健康为目的，切勿纵欲。

13 “谦虚”：以耶稣和苏格拉底为榜样。

“我深知要想修得这些道德准则，每天进行自我监督是必不可少的，并想出了以下一些自我监督的方法。我做了一个小笔记本，每一页上都写了一项道德准则。将每一页用红色竖线分为七列。在每一列的顶端标上从周一到周末的缩写。再划十三道横线，在每行的顶端标记一条道德准则的缩写。然后检查对应的日期的准则，如果没有做到，就在相应的格子中画一个黑点。”

“我决定每周都要重点关注一条道德准则，而且中间不能间断。于是，在第一周我把全部注意力都集中在十三条道德修养准则中的第一条——‘自制’这一点上，并尽可能按照该准则的要求去行事。

其他的准则留待下一次来修习。如此一来，如果在第一周相应的格子中没有黑点，我就可以认定自己在该项道德准则的实践上得到了巩固。

接下来，我的注意力会转移到下一个道德准则的修习和巩固上去，争取下一周与这两个道德准则相关的行为举止都不会出现黑点。如果一直照这样做下去，到第十三周就能修习完所有的道德准则，这样一年应该可以循环练习四次。

如果到最后一行，或者说一直到整个流程结束，那张纸上都没有留下一个黑点，对我来说就会是一个莫大的鼓舞，我期待着这样一个美好的结局——在为期十三周的实验结束之后，当我看着没有一个黑点的记事本的时候，一定会感到无比幸福。”

*

富兰克林制定出了这样一个评定道德修养的体系，把大家普遍觉得很难养成的思考习惯和性格设定为自己努力的目标并最终修成正果。

我做生意的时候，也曾将自己计划好的所有工作目标都写在了笔记本上。为了监督自己的执行情况，我还做了与富兰克林一样的表格，取得了很好的效果，通过这个方法我实现了很多目标。

但是，我的表格和富兰克林的有一点不同。富兰克林记录的是“失败”的黑点。我记录的是“达成”的黑点。

因此，我的记事本不是一个黑点也没有，而是布满了密密麻麻的黑点……

第十四封信　细分目标

人的目标可谓五花八门，我希望你的目标尽量远大一些。因为目标一旦达成就成为过去。下面我就以旅行为例来说一说。

计划一次愉快的旅行，最快乐的是出发前夜，兴奋之下彻夜难眠。但是，一旦出发，时间就会过得飞快，在回来的路上若不考虑好下一个旅行计划就会陷入忧郁之中。

所有目标都是如此。虽然我们的目的是实现目标，但是实现目标之后的喜悦是很短暂的，犹如一夜欢宴。成功就是朝着目标不断前进的过程，它永远都是现在进行时。当我们确定好一个又一个的目标之后，接下来的每一天我们都是在实现目标的过程中度过的。成功者都清楚，即使实现了目标，如果失去了下一个目标，自己就会变成漫无目的的漂流者，转眼之间就会触礁搁浅。因此，我希望你做到“志当存高远”。

若目标过高，就如同隧道太长看不到尽头的光亮一样，会对抵达终点失去信心。但是，对于远大的目标，最好是分阶段设立一些容易实现的小目标，这样就能持之以恒。这样做，也就是将目标细分。

这种细分法十分有效，比如一次搬运十吨重的岩石是不可能的，但将岩石敲成一千块，这样每一块就只有十公斤，每次搬运一块，来回一千次就能完成任务。

我在第十二封信中介绍到的富兰克林，他也是将自己理想的生活习惯分成十三条道德准则，每周专注于一条道德准则，以十三周为一个流程，一年循环四次，从而实现了自己的目标。尽管一蹴而就有难度，但通过细分法，循序渐进地做好力所能及的事情，就能实现自己的目标。

因此，首先要设定一个远大的目标，并把它作为自己最终实现的目标。即便你觉得这个目标对于现在的你来说过于困难，也要一直将这个“理想的目标”牢记在心。因为无论多么远大的目标都可以通过细分法来达成，但这个属于自己理想的远大目标则是引导你循着正确方向前进的灯塔。

容易达成的目标仅需你投入短暂的热情和努力就足矣，不值一谈。远大的目标则需要你坚持不懈地投入巨大的热情和超乎常人的努力。

我想你已经理解了吧。成功的秘诀就是要一直不停地设定目标。所谓成功者，就是那些紧紧盯着通向成功的目标，并为实现目标而夜以继日地不懈努力的人。

没有树立梦寐以求的目标的人生，纯粹是为活着而活着的人生，该是多么地无聊呀！只有人类从上帝那里获得了追逐梦想的能力，人类正是在追逐目标、追求理想的过程中才获得了永恒的生命。

决不能失去“理想”这一崇高的目标。理想是自己所能想象到的最佳状态，也是自己想要实现的最高目标。理想可能不切实际，但这种不断追逐自己的理想、看自己能够多大程度接近理想的挑战方式，才是最有价值的生存方式。

如果你是因此而设定了七个方向的目标，那么现在再来审视这些目标的话，你能将它们提升到怎样的层次呢？……我希望你能挑战自己的理想。另外希望你明白，如果你能长期坚持自己的目标，那你就一定能取得巨大的成功。

到生命最后一刻能说出“此生无悔”的人，他的人生才是成功的人生。年轻时做到意气风发不难，年老时保持优雅稳重不易。另外年轻时能吃苦耐劳，年老时则不堪劳顿。因此，趁你现在胸怀远大目标，身心年轻、健康之际，好好发挥你的聪明才智，勤勤恳恳、不遗余力地为成功而努力吧！

第十五封信　既倾听批评，又不受干扰！

前几天的信中，你谈到有些人不喜欢一门心思梦想成功的你。今天就写一写该如何应对这种情况吧。

我先说说胸怀“制造蒸汽火车”这一壮志的乔治·史蒂芬森的故事吧。他身在矿山，虽然满身煤灰，内心却在描绘着实现目标的蓝图。

但是，周围的人都嘲笑他“是白日做梦”。他面对这样的批评所采取的态度就是，既倾听批评，又不受干扰。连亲朋好友都劝他：“快放弃这种愚蠢的幻想吧！”他的热情受到了各种非难。这些非难逐渐扩散开来，以致整个镇上的人都觉得他是个怪人，但斯蒂芬森保持沉默，继续自己的研究。

不仅如此，他还会从另一个角度来理解对自己的批评。

这个角度就是：“现在谁都不相信能够造出蒸汽火车来。他们不知道这是可以实现的。这其实就是机遇。”他将这种批评看作确认没有竞争对手的加油助威声。最后他终于造出了蒸汽火车。他的成功震惊了所有人。周围那些批评他的人，开始以自己是斯蒂芬森的亲友为荣，纷纷骄傲地宣称：“我早就知道他的梦想一定能实现。”

这难道不是见风使舵的话吗？先是批评渴望成功的挑战者是神经病，认为他绝不可能成功。一旦成功了又反过来对他大加赞赏。但这也是人之常情。大众都是随波逐流的评论家，即使是亲朋好友也会出言打击挑战者的积极性。

这是每一个成功者都要经历的。

但一旦设定了自己梦寐以求的目标，也就是成功的目标，无论自诩为专家的评论家做出多么煞有介事的批评，你都不能退缩。

这种“既倾听批评，又不受干扰”的应对策略是十分明智的。这种应对策略把两种态度融为一体。一是“倾听”，这是一种肯定的、温和的态度，“不受干扰”则是攻击性的、固执己见的态度。只有将两者融为一体才有效果。

只是一味地倾听并接受别人的意见，假如意志不坚定的话又会怎样呢？它会使人无法战胜批评，一直对批评耿耿于怀，最终不但会放弃目标，还会变得消极起来。那么，只是固执己见，没有兼听则明的积极态度又会如何呢？这样的人攻击性太强，只知道一味蛮干，即便对批评不加理会，如果不能采取主动倾听的积极态度，反而会招致对方的愤怒和反感，导致树敌过多。这样不但会分散达成目标的意志，最终还会被消极的想法所支配，自己打败自己。

同时具备积极的态度和坚定的意志力固然需要有很强的忍耐力，但两者兼而有之才是应对批评的最佳方案。

在工作上，有银行、客户、谈判对手、担保人；在个人生活中，有家人、亲戚、朋友——要想成功，就需要有很多人的帮助和承诺。

有些人不了解你的真实想法，动不动就会把一般人自以为很有道理的观点强加给你。遇到这种情况你要一边附和“是啊，是啊，说得对，谢谢您的宝贵意见”，一边默默地继续贯彻自己的目标和意志。

这样的态度很容易培养出信赖感来，人家会说你具有坚定的信念。这样的评价能给你带来巨大的好处，这是再明显不过的道理。

第十六封信　成为幸福的成功者的“花钱方法”

人生的成功离不开“金钱”。成功者并非个个都是有钱人，但连基本的生活水平都不能保证的人是无法体会到成功的幸福的。

所谓成功者，就是过着“按自己制定的目标生活，衣食无忧，一生无悔”的人。

尤其是在以金钱为中心的资本主义社会，能够不被金钱所左右的人才能感受到真正的幸福吧。

但是，这种幸福感并不是单纯靠有钱就能感受到的。

实际上，金钱与时间有着相似的特征。最相似的特征就是，金钱和时间都是由“使用方法”决定的。在时间上是“忙的人更会利用时间”。同样，不被金钱所左右的生活方式，才称得上是“会用钱”。

再有钱的人若是无原则地乱花钱的话，也未必能保证基本的生活水平。反之，尽管收入不多，但在花钱方面能够做到既慎重又睿智，就不会为维持必要的基本生活而苦恼。

另外，由于小时候家里太穷而对金钱过于执着和恐惧的人，即使有朝一日成了家财万贯的富翁，照样会十分在乎金钱，对金钱本身的贪婪使其成为拜金主义者。

这些人锱铢必较，算计他人，浑然不知周围的人在叫他“守财奴”，瞧不起生活简朴的人，认为他们低人一等。

金钱虽不是药物，但这些人是金钱的药物中毒者，你不管多么有钱，也不要学他们。

现在，我教给你成为幸福的成功者所需的金钱哲学。另外这既是巧妙的赚钱方法，又是让你不为金钱所困的秘诀所在。

首先你要立志成为亿万富翁。随着时代的变化币值会有所变动，但亿万富翁就是那些拥有超过一百万美金的资产，而且根本不动用这些资产也能过上富足生活的人。

要想积累这些财富，就要从现在起把每个月收入的一成存起来。即使月收入有变化，也一定要储蓄收入的一成。这份储蓄无论如何都不能去动它。

这一成的储蓄，即便有好的投资机会，面对多么有意义的捐助请求，都不能去动它。当然更不能用它去购买奢侈品之类。

即便是买房子也不要动用这笔钱。类似的投资方面的花销，也要在交完这一成的存款之后，再想办法用多余的钱来进行投资。这一成的储蓄既不是为了购物，也不是为了以防万一的存款。

最好把这一成的储蓄账户和投资用储蓄账户分开。总之，直到临死之前不管发生什么事情都不要去动用这笔钱。用存完这笔钱之后余下的钱来生活。另外，无论你获得多么大一笔收入，或是相反变得穷困潦倒，这一成的储蓄都让你把握住事业上的机遇，并且坚持下去。

为了积累资产，很多人提出五花八门的发财之道，如股票、期货、房地产、保险。也有各种各样的训诫，如不能买这个那个，要用现金消费，要过与自己身份相符的生活，一分钱也不能浪费，等等。

无论哪一种，都会让你认同："原来如此！"但这里面，尤其是投资建议中有很多陷阱，你一定要多加小心。像这样锱铢必较的金钱哲学虽然看起来没有问题，但一旦都按他说的做，就会变成守财奴。

就像过度减肥一样，过度攒钱会带来压力，并且产生反弹。日常生活中一分钱也不要浪费，这样的方法即使理论上正确，也不切实际。

另外不要误以为我反对投资。我想说的是，进行那些投资的时候，为了能够看准目标，判断准确，顺利地把握住机会，你也要存好这笔钱。

也就是说，善于理财的秘诀，就是通过存储一成收入，培养出高明的理财方式，即使不去锱铢必较，也自然而然地养成了精打细算的习惯，让自己越来越擅长做到收支平衡。

除了这一成的储蓄，你还可以把钱用在你认为有意义的地方。你偶尔也会想美餐一顿，奢侈一回吧。如果手头宽裕的话，也未尝不可。为家人的纪念日精心准备一份礼品，盛情款待朋友也很重要。衣着讲究一点对于一位绅士来说也是必要的。

另外，如果在提高修养、掌握技术等自我投资方面舍不得花钱，最终会招致贫困。通过自我投资给自己充电，能积累起谁也夺不走的财富。无论发生什么意外情况，脑子里的东西都是谁也无法偷走的。

总之不要忘了要做幸福的成功者，在任何方面都要掌握平衡。设定 7 个类别的目标是平衡的人生之基础。特别是你想成为百万富翁，对“金钱”这个目标看得很重，所以我稍微做了一些解释，请务必参考。

另外，你也许想独立做一番事业，最后再给你一个忠告。

“公家的钱和私人的钱要分开，决不能混同。”

请一定恪守。

衷心祝愿你成功。

第十七封信　认知自己真正的问题集

为了第七、第八封信中所说的“了解自己的过去，欣赏真实的自己”，第十七封信整理了一些针对过去的问题，通过回答这些问题，能够写出一份个人简史。通过加深与自己的对话和详细的自我分析，我想你一定能找到七个类别的目标。

关于基本项目的问题

- 出生年月日和时刻？医院名称？
- 原籍地址是？
- 有没有什么出生时的小故事？
- 你的名字的由来？
- 年幼时有绰号吗？
- 出生时，住在怎样的家里？
- 出生时，父亲的工作是？
- 出生时，母亲的工作是？
- 你父亲的性格？
- 你父亲的性格中，你喜欢的地方？
- 你父亲的性格中，你讨厌的地方？

- 请谈谈你父亲的生平。
- 你母亲是怎样的性格?
- 你母亲的性格中，你喜欢的地方?
- 你母亲的性格中，你讨厌的地方?
- 请谈谈你母亲的生平。
- 父母是如何遇见的?
- 父母遇见的时候，父亲的工作是?
- 父母遇见的时候，母亲的工作是?
- 从父亲身上你学到了什么?
- 从母亲身上你学到了什么?
- 对父母最初的记忆是什么?
- 你知道父亲的目标或梦想吗?
- 你知道母亲的目标或梦想吗?
- 那个目标或梦想实现了吗?
- 你认为自己与父亲相似的性格是?
- 你认为自己与母亲相似的性格是?
- 在关于父亲的回忆中，最快乐的是?
- 在关于母亲的回忆中，最快乐的是?
- 记得父亲的口头禅吗?
- 记得母亲的口头禅吗?

- 直到长大成人，你一直被提醒的事情是？
- 关于父亲，最讨厌的记忆是什么？
- 关于母亲，最讨厌的记忆是什么？
- 父亲最光辉的时刻是？
- 母亲最光辉的时刻是？
- 现在你喜欢父亲吗？
- 现在你喜欢母亲吗？
- 如果有对祖父母的回忆，请写下来。
- 从祖父母那里受到了怎样的影响？
- 有兄弟姐妹吗？请详细记述下来。
- 在亲属中受过谁的影响？
- 亲戚们和家里的关系如何？
- 现在你和亲戚的关系如何？
- 你出生、成长的故乡是个怎样的地方？
- 你认为你有家乡观念吗？
- 你喜欢家乡话吗？
- 你有对都市的憧憬或对乡村的憧憬吗？
- 你有对都市的厌恶感或对乡村的厌恶感吗？
- 关于种族歧视问题，你父母有什么意见？

小学时代

- 小学的校名是？
- 对学校有什么印象？
- 受哪位老师的影响最大？
- 小学时你是个怎样的学生？
- 经常玩什么？
- 最擅长的学科是？
- 最不擅长的学科是？
- 父母对教育的态度是？
- 小学时担任过什么职务吗？
- 请写一写小学时的健康状况。
- 小学时印象最深的活动是什么？
- 回忆起暑假等假期，印象最深的事是？
- 常看哪部动画片？
- 如何与家人度过假日？
- 对双亲印象最深的事情是什么？
- 小学时，最好的朋友是谁？
- 和这个孩子最深刻的回忆是什么？
- 小学时，最热衷于什么？
- 对现在的你有什么影响？

- 小学时，你热衷的运动是什么?
- 小学时，你最憧憬的是什么?
- 为什么?
- 小学时体验过的最大的失败是什么?
- 从那次失败中学到了什么?
- 受到称赞的最高兴的事情是什么?
- 让父母最吃惊、也最担心的事是什么?
- 通信簿的通信栏中写了什么?
- 对毕业典礼有什么回忆?
- 参加中考了吗?

初中时代

- 初中的校名是?
- 对整个初中生活的印象是?
- 受哪位老师的影响最大?
- 具体受了什么影响?
- 初中时是个怎样的学生?
- 最擅长的学科是?
- 最不擅长的学科是?
- 父母对教育的态度是?

- 你认为这是为什么?
- 当时关于自己的将来你是怎么想的?
- 当时关于自己的将来老师是如何指导的?
- 你上过怎样的补习班?
- 在补习班学到了什么?
- 初中时担任过什么职务?
- 现在你是如何有效地利用该经验的?
- 初中时印象最深的活动是?
- 对修学旅行有什么印象?
- 初中时最好的朋友是?
- 你对这个朋友印象最深的是什么?
- 初中时对哪位异性有过爱慕之心?
- 受到了怎样的影响?
- 初中时最热衷于什么?
- 对现在的你有何影响?
- 初中时参加了什么社团活动?
- 从中学到了什么?
- 初中时最向往的职业是什么?
- 为什么最向往这个职业?
- 对你影响最大的书是?(内容)

- 你受到了怎样的影响?
- 初中时家庭情况如何?
- 初中时和家人印象最深的回忆是?
- 这对你有何影响?
- 初中时受到过称赞的最高兴的事情是什么?
- 现在是否从中受益?
- 初中时最痛苦的回忆是什么?
- 从中学到了什么?
- 初中时体验过的最大的失败是什么?
- 从中学到了什么?
- 令父母惊讶的事情是?
- 父母最担心的事情是?
- 通信簿的通信栏中写了什么?
- 和小学时相比，最大的变化是?
- 请写一写初中时父母的情况。
- 请写一写初中时的健康状况。
- 请举出你最讨厌的老师的名字。
- 讨厌他哪一点?
- 如果现在遇到这位老师，可以畅所欲言的话，你会说些什么?

- 初中时有没有未竟之事或后悔之事?
- 是什么事?
- 关于备考学习的回忆是?
- 以什么标准选择的高中?

高中时代

- 高中的校名是?
- 考上高中有何感想?
- 为什么?
- 对整个高中生活的印象是什么?
- 受哪位老师的影响最大?
- 具体受了什么影响?
- 高中时，你是一个怎样的学生?
- 最擅长的科目是?
- 为什么擅长?
- 最不擅长的科目是?
- 为什么不擅长?
- 父母对教育的态度是?
- 你认为这是为什么?
- 当时关于今后的打算，你是怎么想的?

- 当时关于今后的打算，老师是如何指导的?
- 你上过怎样的补习班?
- 在补习班中学到了什么?
- 高中时担任过什么职务?
- 现在你是如何有效地利用该经验的?
- 高中时印象最深的活动是?
- 对修学旅行有什么印象吗?
- 高中时最好的朋友是?
- 和这个朋友的最深刻的回忆是什么?
- 高中时对哪位异性有过爱慕之心?
- 受到了怎样的影响?
- 高中时最热衷于什么?
- 对现在的你有何影响?
- 高中时参加了什么社团活动?
- 从中学到了什么?
- 喜欢的前辈是怎样的人?
- 从这位前辈身上你学到了什么?
- 讨厌的前辈是怎样的人?
- 从这位前辈身上你学到了什么?
- 高中时你最向往什么?

- 为什么？
- 对你影响最大的书是？
- 你受到了怎样的影响？
- 高中时家庭情况如何？
- 高中时和家人印象最深的回忆是？
- 这给了你怎样的影响？
- 高中时受到表扬的最高兴的事情是什么？
- 现在有没有从中受益？
- 高中时最痛苦的回忆是什么？
- 从中学到了什么？
- 高中时体验过的最大失败是什么？
- 从中学到了什么？
- 令父母惊讶的事情是？
- 父母最担心的事情是？
- 通信簿的通信栏中写了什么？
- 和初中时相比，最大的变化是？
- 请写一写高中时期的健康状况。
- 有讨厌的老师吗？
- 请写一写高中时期父母的情况。
- 毕业后的出路是如何决定的？

- 选择这条路的理由是？
- 关于备考学习、求职活动的回忆是？
- 对毕业典礼的回忆是？
- 写一写待就业或待升学期间的生活。

大学时代

- 大学的校名是？
- 选专业的依据是？
- 入学费用是多少？
- 谁负担的？
- 住在什么地方？
- 怎样去学校？
- 入学后的印象有什么变化吗？
- 如何筹措学费和生活费？
- 打过什么工？
- 印象最深的打工经历是什么？
- 从该经历中学到了什么？
- 受哪位教授的影响最多？
- 具体受了什么影响？
- 毕业论文的题目是什么？

- 为什么选这个题目呢？
- 父母是如何看待你的大学生活的？
- 父母是如何看待你的将来的？
- 高中时对哪位异性有过爱慕之心？
- 受到了怎样的影响？
- 对你影响最大的朋友是？
- 给了你什么影响？
- 毕业后，这个朋友怎么样了？
- 参加了什么社团活动？
- 从这些活动中，你学到了什么？
- 喜欢的学长是怎样的人？
- 从这位学长身上你学到了什么？
- 讨厌的学长是怎样的人？
- 从这位学长身上你学到了什么？
- 对你的人生观产生最大影响的事情是？
- 为什么？
- 对你的人生观产生最大影响的书是？
- 为什么？
- 对你的人生观产生最大影响的人是？
- 为什么？

- 大学时，最高兴的事情是什么？
- 现在有没有因此受益？
- 大学时最痛苦的事情是什么？
- 从中学到了什么？
- 大学时体验过的最大的失败是什么？
- 从中学到了什么？
- 令父母惊讶的事情是？
- 和高中时相比，最大的变化是？
- 请写一写大学时期的健康状况。
- 当时你认为自己的未来会如何？
- 当时你把谁作为你的目标？
- 参加求职活动的目的是？
- 关于学习有什么后悔的地方？
- 选择这个公司和这份职业的理由是？
- 经济状况如何？
- 就职和考试的区别是什么？
- 找不到工作的话，今后的生活怎么办？
- 读研、考证、留学等不就业的理由是？

职场新人时代

- 第一次去找工作的理由是什么？

- 关于这个理由，现在是怎样想的?
- 当时是怎样展望未来的?
- 公司是怎样的公司?
- 进公司后，与学生时代的价值观迥然不同的是什么?
- 进公司后，对公司的印象有何改变?
- 起薪是多少?
- 当时的感想或者回忆是什么?
- 学生时代积累的经验，现在是如何利用的?
- 为什么?
- 最初的失败是什么时候?
- 从中学到了什么?
- 进公司后，什么情况下想辞职?
- 从中学到了什么?
- 喜欢的上司是怎样的人?
- 从他身上学到了什么?
- 讨厌的上司是怎样的人?
- 从他身上学到了什么?
- 喜欢的前辈是怎样的人?
- 从这位前辈身上你学到了什么?
- 讨厌的前辈是怎样的人?

- 从这位前辈身上你学到了什么?
- 你认为在这个公司能充分发挥自己的才能吗?
- 为什么?
- 怎样打发自己的私人时间?
- 健康状况如何?
- 经济状况如何?

现在的工作

- 现在的工作与最初的工作相同吗?
- 为什么?
- 工作几年了?
- 简单总结一下你到现在为止的工作经历。
- 现在的工作的内容是?
- 满足于现在的工作吗?
- 今后也准备继续从事这份工作吗?
- 如何看待这份工作的前景?
- 你在努力学习对工作有用的知识吗?
- 如果换工作的话，你希望换到怎样的工作单位?
- 为什么?
- 对于公司和下属来说，你是不是不可或缺的那个?

- 到现在为止，你在工作上做出的最大贡献或成就是?
- 从中得到了什么?
- 从中学到了什么?
- 到现在为止，你在工作上最大的失败是什么?
- 从中学到了什么?
- 在工作上，你以谁为榜样?
- 他哪一点吸引了你?
- 工作上的竞争对手是谁?
- 该竞争对手的存在对你产生了怎样的影响?
- 有过与上司（同事或客户）发生激烈冲突的经历吗?
- 从中学到了什么?
- 遗留下的问题是?
- 准备怎样解决该问题?
- 有与下属或同事发生纠纷的经历吗?
- 从中学到了什么?
- 现在必须解决的问题是?
- 解决该问题的策略是?
- 何时解决?
- 对现在的收入是否满意?
- 为了提高收入，你认为自己应该做些什么?

- 从现在的工作中，除了金钱你还得到了什么？
- 那是你人生的目标吗？
- 理由是？
- 你在做什么人生投资？
- 现在的工作与自己的梦想有关吗？

结婚

- 与配偶第一次相遇时，印象如何？
- 与现在相比有什么变化？
- 为什么？
- 结婚时的年龄？
- 决定结婚的理由是？
- 求婚时说了什么？
- 你的婚姻观和家庭观有了哪些变化？
- 蜜月旅行的地点？
- 印象最深的是？
- 新婚生活是从哪里开始的？
- 对新婚第一天有何印象？
- 你们是如何策划未来的？
- 现在实现了多少？

- 为什么？
- 想要几个孩子？
- 为什么？
- 制定过怎样的家庭经济计划？
- 现在实行得如何？
- 为什么？
- 到现在为止，夫妻关系陷入过危机吗？
- 原因是？
- 教训是？
- 现在你最喜欢配偶的哪一点？
- 为什么？
- 现在你希望配偶改变哪一点？
- 为什么？
- 对此你准备采取什么行动？
- 你的配偶喜欢你哪一点？
- 为什么？
- 你认为配偶希望你改变哪一点？
- 对此你准备采取什么行动？
- 你觉得理想的夫妻生活应该是怎样的？
- 对此你付出了怎样的努力？

- 到现在为止，你最感谢配偶什么？
- 到现在为止，最让你感受到配偶的浓浓爱意的事情是？
- 到现在为止，你给配偶带来的最大麻烦是？
- 从中学到了什么？

家庭

- 请写下现在的家庭构成。
- 你是如何与家人沟通的？
- 什么时候与家人聊天最开心？
- 谈论什么话题时气氛最热烈？
- 与伴侣共同度过的快乐时光是什么时候？
- 对住所有何讲究？
- 为了家人，你对此做了什么？
- 对于家里的摆设，有谁制定过标准没有？
- 如何度过闲暇时光？
- 为了家人，你是如何安排的？
- 你是如何保持工作与家庭的平衡的？
- 什么情况下由于你以工作为重而导致了家庭问题？
- 从中学到了什么？
- 你记得家里所有人的生日和纪念日吗？

- 第一个孩子出生时有什么感想？
- 孩子什么地方像自己？
- 不希望孩子继承自己性格中的哪一点？
- 关于和孩子的交流，你和配偶有何共识？
- 具体采取了什么行动？
- 在和孩子交流（或教育）的过程中出现过什么问题吗？
- 如何应对的？
- 今后和孩子的交流会出现什么问题？
- 对此你和配偶有何共识？
- 具体采取何种对策？
- 在和孩子相处的过程中，最需要注意什么？
- 从中学到了什么？
- 在和孩子相处的过程中，最充实的经历是？
- 从中学到了什么？
- 配偶和你父母之间有什么问题吗？
- 采取了什么对策？
- 你和配偶的父母之间有什么问题吗？
- 采取了什么对策？
- 现在关于家人的回忆中，印象最深的是？
- 当时有什么感觉？

- 从中学到了什么？
- 你和哪位家人关系最亲密？
- 为什么这个人对你如此重要？
- 你对自己的健康状况有把握吗？
- 有没有可以和家人分享的爱好？
- 什么事会给家人带来负担？
- 想过怎样的对策？
- 对你来说，家人是什么？
- 对家人来说，你又是个怎样的人？

译　注

1. 一行禅师（1926－　）：越南当代著名的佛教禅宗僧侣、诗人、学者及和平主义者。16岁出家，23岁受具足戒。1962年前往美国普林斯顿大学钻研比较宗教，越战期间返乡从事和平运动。后旅居法国，长期从事难民救援工作，并于法国、美国与德国成立多所正念禅修中心及寺院。1982年在法国南部建立梅村禅修中心（Plum Village），并赴世界各地弘法。迄今已有上百本著作风行于世，为当今世界最负盛名的佛教领袖之一。

2. 因为第七、八封信的主题是“了解真正的自己”，所以从本书第 144 页开始的“第十七封信”中准备了制作个人简史的问题集。

3. 哈伯德（Elbert Hubbard, 1856–1915）：美国编辑、出版家、《致加西亚的一封信》的作者。曾任报纸撰稿人和一家制造公司的销售广告部主任。1892 年退职后，在纽约州创建罗伊克罗夫特出版社。1895 年起发行著名的《人生旅程小记》月刊，内容为著名人物小传，这些短篇叙议交织、幽默讽刺、脍炙人口。还发行先锋派杂志《庸人》，杂志最后由他单独一人撰稿。《致加西亚的一封信》刊在《庸人》1899 年的一期上。文章将坚韧不拔精神作为从美西战争中所获得的教益。1908 年又编辑出版第二份月刊《兄弟》。他在“卢西塔尼亚号”炸沉时遇难。文集有《人生旅程小记》（14 卷，1915 年）、《选集》（14 卷，1923 年）、《剪贴簿》（1923 年）和《笔记》（1927 年）。

4. 现在作为“使命宣言”（Mission Statement）而广为人知的思维方式，就源自富兰克林的《自传》。另外富兰克林为了达到这“十三条道德修养准则”而首创的方法，就是现在的记事本的原型，被广泛活用在时间管理、行动管理、目标管理方法等方面。作为记事本始祖的美国富兰克林公司也是以本杰明·富兰克林命名的。

人名索引 *

* 按拼音顺序排列，页码为中文页码。——编译者注

爱默生，拉尔夫·瓦尔多（Emerson, Ralph Waldo 1803–1882）——美国思想家、文学家。美国文化精神的代表人物，被称为“美国文明之父”。代表作《自然论》（1836年）、《散文集》（1841、1844年）、《伟人论》（1850年）等。 2, 17, 28, 76 ～ 78

奥杜邦，约翰·詹姆斯（Audubon, John James 1785–1851）——美国博物学家、艺术家。19世纪初将北美洲全部已知鸟类绘了图。 74

奥斯丁，托马斯（Austin, Thomas 生卒不详）——一个拥有大量地产的乡绅。 82

B

巴尔扎克，奥诺雷·德（Balzac, Honoré de 1799–1850）——法国著名小说家、剧作家，法国现实主义文学成就最高者之一。他创作的《人间喜剧》（1829–1850年）共91部小说，写了2400多个人物，是人类文学史上罕见的文学丰碑，被称为法国社会的“百科全书”。 75

班扬，约翰（Bunyan, John 1628–1688）——英格兰基督教作家、布道家。代表作《天路历程》（1678年）堪称史上最广为人知的宗教寓言文学。

贝多芬，路德维希·范（Beethoven, Ludwig van 1770–1827）——集古典主义大成的德国作曲家，也是一位钢琴演奏家。一共创作了9首交响曲、35首钢琴奏鸣曲、10首小提琴奏鸣曲、16首弦乐四重奏、1部歌剧及2部弥撒等。这些作品对古典音乐的发展有着深远影响，因此贝多

布鲁厄姆勋爵（Lord Brougham 1778–1868）——原名 Henry Peter Brougham。英国律师、辉格党政治家、改革家、英国大法官兼上院议长（1830–1834 年）、著名的演说家、才子、时髦人物和有怪癖的人。 33

布鲁克斯，菲利普斯（Brooks, Phillips 1835–1893）——美国基督教圣公会牧师。写有著名赞美诗《小伯利恒歌》。 37

布鲁克斯，詹姆斯（Brooks, James 1810–1873）——美国政治家、编辑。1836 年创办《纽约每日快报》，任主编直至去世。 33

布什内尔，霍勒斯（Bushnell, Horace 1802–1876）——美国基督教公理会牧师和神学家。美国文化史上的重要人物。 57

C

蔡平，埃德温·哈贝尔（Chapin, Edwin Hubbell 1814–1880）——美国普救派牧师、作家、演说家、社会改革家、《基督教领袖》的编辑。 23

查塔姆勋爵（Lord Chatham 1708–1778）——即老皮特（William Pitt, THE ELDER）。18 世纪英国最伟大的政治家，1766–1768 年出任首相。 79

D

达尔文，查尔斯·罗伯特（Darwin, Charles Robert 1809–1882）——英国卓越的地质学家、生物学家、进化论的奠基者，提倡自然选择说。代表作《物种起源》（1859 年）、《人类的由来与性选择》（1871 年）。 37, 38

达朗贝尔，让·勒朗（d'Alembert, Jean le Rond 1717–1783）——法国物理学家、数学家和天文学家。 75

戴维，汉弗莱（Davy, Humphry 1778–1829）——英国化学家。曾发现好几种化学元素和化合物，并发明了矿工安全灯。 58, 63

但丁（Dante Alighieri 1265–1321）——中世纪意大利最伟大的诗人、文艺复兴的先驱者。代表作《神曲》(1308–1321 年）对中世纪政治、哲学、科学、神学、诗歌、绘画作了艺术性的阐述和总结，反映出意大利从中世纪向近代过渡的转折时期的现实生活和各个领域发生的社会、政治变革，透露了新时代的新思想——人文主义的曙光。 63

德莱顿，约翰（Dryden, John 1631–1700）——英国诗人、文艺评论家、剧作家。因对英国文学做出宝贵而持久的贡献，1668 年被封为桂冠诗人。 65

笛福，丹尼尔（Defoe, Daniel 1659–1731）——英国小说家、新闻记者、小册子作者。以代表作《鲁宾孙漂流记》(1719 年）闻名于世。鲁宾孙也成为与困难抗争的典型，因此他被视作英国小说的开创者之一。 63

笛卡尔，勒内（Descartes, René 1596–1650）——法国哲学家、数学家、物理学家。著有《方法谈》(1637 年)、《第一哲学沉思集》(1641 年)、《哲学原理》(1644 年）等。 63

狄摩西尼（Demosthenes 384–322 BC）：古代希腊政治家、伟大的雄辩家。曾领导雅典人民进行近 30 年反对马其顿侵略的斗争。 63

产而获得巨大成功者。这种新的生产方式使汽车成为一种大众产品，不但革新了工业生产方式，而且对现代社会和文化产生巨大影响。 122

福克斯，查尔斯·詹姆斯（Fox, Charles James 1749–1806）——英国政治家。1782 年出任英国历史上第一个外交大臣。 79

富兰克林，本杰明（Franklin, Benjamin 1706–1790）——美国著名政治家、科学家，同时亦是出版商、印刷商、记者、作家、慈善家，更是杰出的外交家及发明家。他是美国革命时期重要的领导人之一，参与了多项重要文件的草拟。1756 年被选为英国皇家学会院士，1775 年被任命为美国首位邮政局长。 49, 128

弗洛伊德，西格蒙德（Freud, Sigmund 1856–1939）——奥地利心理学家、精神分析学家，20 纪最伟大的心理学家之一。提出"潜意识""自我""本我""超我""俄狄浦斯情结""利比多""心理防卫机制"等概念，对哲学、美学、社会学、文学、流行文化等都有深刻的影响，被世人誉为"精神分析之父"。著有《梦的解析》（1900 年）、《图腾与禁忌》（1913 年）、《精神分析引论》（1917 年）等。 117

福斯特，约翰（Foster, John 1770–1843）——英国散文家、不从国教的牧师。 20

G

哥白尼，尼古拉（Copernicus, Nicolaus 1473–1543）—— 文艺复兴

时期波兰数学家、天文学家，提倡日心说。哥白尼1543年临终前发表的《天体运行论》被认为是现代天文学的起点，对推动科学革命做出了重要贡献。 63

歌德，约翰·沃尔夫冈·冯（Goethe, Johann Wolfgang von 1749–1832）——德国诗人、剧作家、小说家、自然科学家、政治人物。代表作小说《少年维特的烦恼》(1774年)、《威廉·迈斯特的学习年代》(1796年)、《亲和力》(1809年)、叙事诗《赫尔曼与窦绿苔》(1797年)、诗集《西东诗集》(1819年)、诗剧《浮士德》(第一部，1808年)、《浮士德》(第二部，1833年)、自然科学论文《色彩论》(1810年)、自传《诗与真》(1811年)等。 83

格莱斯顿，威廉·尤尔特（Gladstone, William Ewart 1809–1898）——英国19世纪最伟大的政治家、自由党领袖和4届首相（1868–1874年，1880–1885年，1886年，1892–1894年）。 33

格兰特，尤利塞斯·辛普森（Grant, Ulysses Simpson 1822–1885）——美国军事家、第18任美国总统（1869–1877年）。 2, 32, 64

格里利，霍勒斯（Greeley, Horace 1811–1872）——美国报纸编辑。原为印刷所学徒，1841年创办《纽约论坛报》，一直任该报总编辑直到去世。 53

格林，约翰·里查德（Green, John Richard 1837–1883）——英国历史学家。最著名的史书为《大英国民小史》(1874年)。 32

古德伊尔，查尔斯（Goodyear, Charles 1800–1860）——美国发明家、

使橡胶成为在工业上可应用的硫化法的发明者。 2

H

哈伯德，艾尔伯特（Hubbard, Elbert 1856–1915）——美国编辑、出版家。代表作《致加西亚的一封信》(1899年)。 124

海涅，克里斯蒂安（Heyne, Christian 1729–1812）——德国古典学家、考古学家。 76

贺拉斯（Horace 65–8 BC）——罗马帝国奥古斯都统治时期的著名诗人、批评家。主要著作《歌集》(公元前23–前11年）和《书札》(公元前20–前14年)。 63

赫胥黎，托马斯·亨利（Huxley, Thomas Henry 1825–1895）——英国生物学家。因捍卫达尔文的进化论而有“达尔文的斗牛犬”之称。 6

亨德尔，格奥尔格·弗里德里希（Händel, George Frederic 1685–1759）——巴洛克时期最伟大的音乐家之一。出生于德国，后来定居并入籍英国。代表作管弦乐组曲《水上音乐》(1717年)、《皇家烟火》(1749年）和清唱剧《弥赛亚》(1741年)。 36

亨特，约瑟夫（Hunter, Joseph 1783–1861）——英国一位论派牧师、文物收藏家。 63

惠蒂埃，约翰·格林利夫（Whittier, John Greenleaf 1807–1892）——美国著名的贵格派诗人和废奴主义者。最著名诗篇为《大雪封门》

（1866 年）。 85, 88

怀特，柯克（White, Kirke 1785–1806）——英年早逝的英国诗人。17 岁时发表诗集《克利夫顿 · 格罗夫及其他诗》。 63

惠普尔，埃德温 · 珀西（Whipple, Edwin Percy 1819–1886）——美国散文家、与爱伦坡和洛威尔齐名的文学批评家。主要作品有《散文与评论集》（2 卷本，1848–1849 年）、《与文学和生活主题有关的演讲集》（1850 年）。 50

霍兰，乔赛亚 · 吉尔伯特（Holland, Josiah Gilbert 1819–1881）——美国小说家、诗人。1870 年与他人共同创办《斯克里布纳月刊》。 58

霍姆斯，奥利弗 · 温德尔（Holmes, Oliver Wendell 1809–1894）——美国医生、诗人、幽默作家。以"早餐桌上"一系列短文而闻名。 73

J

济慈，约翰（Keats, John 1795–1821）——英国诗人，也是 19 世纪最伟大的诗人之一。代表作长诗《恩底弥翁》（1818 年）、《夜莺》（1819 年）、《希腊古瓮颂》（1819 年）、《无情的美人》（1819 年）和《秋颂》（1819 年）。 63

加里森，威廉 · 劳埃德（Garrison, William Lloyd 1805–1879）——美国废奴主义者。1831 年创办《解放者报》，该报以美国最坚决的反奴隶制报纸著称。 2

杰罗尔德，道格拉斯（Jerrold, Douglas 1803–1857）——英国剧作家、新闻记者。以航海闹剧《黑眼睛苏珊》(1829年）而闻名。 42

金，托马斯·斯塔尔（King, Thomas Starr 1824–1864）——美国一位论派牧师。在南北战争期间的加州政坛上颇具影响力。 10

K

卡莱尔，托马斯（Carlyle, Thomas 1795–1881）——苏格兰散文作家和历史学家。代表作《法国大革命史》(1837年)、《英雄崇拜论》(1841年)、《过去与现在》(1843年)、《衣服哲学》(1833–1834年）等。 17, 33, 63, 74

卡内基，安德鲁（Carnegie, Andrew 1835–1919）——美国企业家、慈善活动家。"钢铁大王"兼世界首富。1911年以1.5亿美元创立"卡内基基金会"，奠定了现代慈善事业的基础。去世前一共捐出3亿多美元，创办了"卡内基研究所"(1902年)、"卡内基–梅隆大学"(1912年)、"卡内基博物馆"(1895年开馆)，1883至1929年间在世界各地建造了2509所卡内基图书馆，其中1689所分布于美国各社区中。 122, 125

凯，约翰（Kay, John 1704–1764）——英国机械师和工程师、飞梭的发明者。 64

凯勒，西奥多（Cuyler, Theodore 1822–1909）——美国重要的长老会牧师和宗教作家。在他的领导和监督下，美国最大的长老会教堂于1862

年在拉法耶大街上落成。 9

开普勒，约翰内斯（Kepler, Johannes 1571–1630）——德国天文学家、数学家。17 世纪科学革命的关键人物，所发现的“开普勒定律”为牛顿的“万有引力理论”奠定了基础。 57, 63

科布登，理查德（Cobden, Richard 1804–1865）——英格兰政治家、国际自由贸易的倡导者。 79

克朗普顿，塞缪尔（Crompton, Samuel 1753–1827）——英国发明家。发明大规模生产优质纱的走锭纺纱机。 64

克伦威尔，奥利弗（Cromwell, Oliver 1599–1658）——英国政治家、军事家、宗教领袖。1653 年建立军事独裁统治，自任“护国公”。 63

克罗斯比，范尼（Crosby, Fanny 1820–1915）——美国盲人女作家。出生近六个星期时因医生的疏忽双目失明。一生共创作六千首赞美诗，以《安隐在耶稣怀中》（1878 年）最为出名。 37

L

朗费罗，亨利·沃兹沃思（Longfellow, Henry Wadsworth 1807–1882）——美国著名诗人。代表作《生命颂》（1839 年）、《群星之光》（1839 年）、《海华沙之歌》（1855 年）、《保罗·里维尔的夜奔》（1860 年）。 62

雷诺兹，乔舒亚（Reynolds, Joshua 1723–1792）——英国肖像画家和艺术理论家。提倡绘画的“崇高风格”，主张向过去的艺术大师学习和接

受严格的学院派训练。代表作《艺术演讲录》(1769–1790年)。 59

李，吉迪恩(Lee, Gideon 1778–1841)——美国政治家。1833–1834年任纽约市市长，1835至1837年被选为第24届国会的杰克逊派议员。 49

黎塞留(Cardinal de Richelieu 1585–1642)——法国政治家、法王路易十三的宰相。17世纪法国强大的缔造者，成功地使混乱政局趋于稳定。 22

林肯，亚伯拉罕(Lincoln, Abraham 1809–1865)——美国政治家、第十六任美国总统。1861年3月就任，直至1865年4月遇刺身亡。林肯领导美国经历了历史上最为惨烈的战争和最为严重的道德、宪政和政治危机——南北战争。由此他维护了联邦的完整，废除了奴隶制，增强了联邦政府的权力，并推动了经济的现代化。 13，46

林奈，卡尔(Linnaeus, Carl 1707–1778)——瑞典博物学家、双名法的创立者。其著作中以《自然系统》(1735年)为最重要。 57

卢埃斯，索蒂里奥斯(Loues, Sotirios 1873–1940)——希腊长跑运动员。在1896年第一届雅典奥运会上的马拉松长跑中夺得冠军。 3, 4

鲁斯，查尔斯·布罗德韦(Rouss, Charles Broadway 1836–1902)——美国商人、慈善家。 50

洛克，约翰(Locke, John 1632–1704)——英国哲学家、经验主义代表人物。代表作《政府二论》(1690年)、《人类理解论》(1689年)、《教

育漫话》(1693年)、《基督教的合理性》(1695年)。 76

罗思柴尔德，梅耶·阿姆谢尔(Rothschild, Mayer Amschel 1744–1812)——欧洲最著名银行世家的创始人。该家族对欧洲经济并间接对欧洲政治产生影响达二百年之久。 22

洛威尔，詹姆斯·拉塞尔(Lowell, James Russell 1819–1891)——美国诗人、评论家、外交家。为美国文坛一代宗匠，代表作《比格罗诗稿》(1848年)影响深远。 46

M

马蒂诺，哈丽雅特(Martineau, Harriet 1802–1876)——英国社会、经济、历史学女著作家。 76

马尔福德，普伦蒂斯(Mulford, Prentice 1834–1891)——美国著名幽默作家、新思想运动的先驱。著作《精神力》(1889年)被当作新信仰体系的指南，至今仍有名气。 28

马修斯，威廉(Mathews, William 1818–1909)——美国作家。1862–1875年任芝加哥大学英语文学和修辞学教授。 6

芒格，西奥多·桑顿(Munger, Theodore Thornton 1830–1910)——美国公理会神职人员。 18

孟德斯鸠，夏尔·德·塞孔达(Charles de Secondat, Baron de Montesquieu 1689–1755)——法国伟大的启蒙思想家、法学家。著有

《波斯人信札》(1721年)、《罗马盛衰原因论》(1734年)、《论法的精神》(1748年)等。 73

米尔博恩，威廉·亨利（Milburn, William Henry 1823–1903）——美国盲人循道宗牧师。5岁的时候击瞎了左眼，40岁以后双眼完全失明。1845年当选为众议院的专职牧师，1853年再次当选。他的自传《一个布道者的十年生涯》(1859年)是一部生动的纪实作品。 37，40

弥尔顿，约翰（Milton, John 1608–1674）——英国诗人、共和派活动家。因其史诗《失乐园》(1667年)和反对书报审查制的《论出版自由》(1644年)而闻名于后世。 37

米开朗琪罗（Michelangelo di Lodovico Buonarroti Simoni 1475–1564）——文艺复兴盛期意大利彫刻家、画家、建筑家、诗人。代表作雕塑《大卫像》(1501–1504年)、《哀悼基督》(1498–1499年)、《摩西》(1515年)、梵蒂冈西斯廷礼拜堂的天顶画《创世纪》(1508–1512年)和祭坛壁画《最后的审判》(1534–1541年)等。 61

米拉波，奥诺莱·加布里埃尔·里凯蒂（Honoré Gabriel Riquetti, Comte de Mirabeau 1749–1791）——法国政治家、作家、外交官。法国大革命初期国民议会中最伟大的演说家和最富才智的政治家。 79

米勒，休（Miller, Hugh 1802–1856）——苏格兰地质学家、无神职的神学家。被认为是19世纪最卓越的地质作家之一，代表作《老红砂岩》(1841年)、《造物主的足迹》(1849年)。 63

穆迪，德怀特·莱曼（Moody, Dwight Lyman 1837–1899）——美国著名的基督教福音传教士。创建穆迪教堂（1864 年）、穆迪圣经学院（1886 年）。 86

穆勒，约翰·斯图尔特（Mill, John Stuart 1806–1873）——英国著名哲学家和经济学家。功利主义的拥护者，对社会民主主义、自由主义思想有很大影响。代表作《经济学原理》（1848 年）、《论自由》（1859 年）、《功利主义》（1861 年）、《代议制政府论》（1861 年）等。 2

N

拿破仑（Napoléon Bonaparte, 1769–1821）——法国大革命后期的军人、政治家。历任法兰西第一共和国第一执政（1799–1804 年），法兰西第一帝国皇帝（1804–1815 年），史称“拿破仑一世”。对内镇压反动势力的叛乱，颁布《拿破仑法典》（1804 年），奠定了西方资本主义国家的社会秩序。对外五破反法联盟的入侵，沉重打击了欧洲各国的封建制度，捍卫了法国大革命的成果，创造了一系列军事奇迹与短暂的辉煌成就。 32, 33, 42

纳尔逊，霍雷肖（Nelson, Horatio 1758–1805）——英国著名海军统帅。所创立的海军战略战术思想和军事领导艺术，一直奉为圭臬。 32

牛顿，艾萨克（Newton, Issak）——英国物理学家、数学家、天文学家、自然哲学家。1687 年发表的《自然哲学的数学原理》阐述了万有引力和三大运动定律，奠定了近代物理学和天文学的基础。在力学上，

阐明了动量和角动量守恒原理。在光学上，发明了反射望远镜，发展出颜色理论。在数学上，与莱布尼茨同时创立了微积分学。 57

诺顿，卡罗尔（Norton, Carrol 1869–1904）——美国作家、演说家。基督教科学运动的创始人玛丽·贝克·埃迪的学生。 88

O

欧文，华盛顿（Irving, Washington 1783–1859）——美国作家。被称为“美国文学之父”，代表作《见闻札记》(1819–1820 年)。 83

P

彭斯，罗伯特（Burns, Robert 1759–1796）——苏格兰杰出的民族诗人。收集和整理苏格兰民谣，为许多著名的曲调编写歌词。 63

皮博迪，乔治（Peabody, George 1795–1869）——美国商人兼金融家、慈善家。皮博迪研究所的创立者。 49

Q

钱宁，威廉·埃勒里（Channing, William Ellery 1780–1842）——美国最著名的一位论派布道家。 84

琼森，本（Jonson, Ben 1572–1637）——英国剧作家、诗人、评论家。被公认为伊丽莎白一世和詹姆斯一世时期仅次于莎士比亚的剧作家，代

S

者、作家。主要著作有《耶稣基督传》(1879 年)、《圣保罗传》(1888 年)等。 80

T

泰森，詹姆斯（Tyson, James 1819–1898）——澳大利亚牧场主。被认为是澳大利亚土生土长的第一个白手起家的百万富翁。 47, 48

U

尤利乌斯二世（Pope Julius Ⅱ, 1443–1513）——罗马教皇、为政教合一而奋斗的政治家。 61

W

韦伯斯特，丹尼尔（Webster, Daniel 1782–1852）——美国政治家。曾两次担任国务卿。 33

威德，瑟洛（Weed, Thurlow 1797–1882）——美国新闻工作者、政界人士、纽约州辉格党建党人之一。1830 年创办《奥尔巴尼晚报》。 54

威尔伯福斯，威廉（Wilberforce, William 1759–1833）——英国政治家和慈善家。1787 年起在废除奴隶贸易以及后来在废除英国海外属地奴隶制的斗争中起过显著作用。 2

威尔科克斯，埃拉·惠勒（Wilcox, Ella Wheeler 1850–1919）——美

Y

一行禅师（1926- ）——越南当代著名的佛教禅宗僧侣、诗人、学者及和平主义者。 92

约翰逊，塞缪尔（Johnson, Samuel 1709–1784）——英国批评家、诗人、散文家、传记作家、辞典编撰者。1764 年成立著名的文学俱乐部。1765 年出版校订和注释过的 8 卷本《莎士比亚全集》。1775 年出版花 9 年时间独力编撰的 2 卷本《英语词典》。1776 获法学博士称号。代表作散文集《漫游者》(1750–1752 年)、小说《拉塞拉斯》(1759 年)、传记《诗人列传》(1779–1781 年)。 76

Z

左拉，埃米尔（Zola, Émile 1840– 1902）——法国小说家、自然主义文学的代表人物，亦是法国自由主义政治运动的重要角色。代表作《小酒店》(1876 年)、《萌芽》(1885 年)、《娜娜》(1879 年) 等。 75

地名索引 *

* 按拼音顺序排列，页码为中文页码——编译者注

有非常重要的地位。 49

J

加利福尼亚州（California）——美国西部太平洋沿岸的一个州，1850 年 9 月 9 日加入联邦。 10

K

卡茨基尔（Catskill）——美国纽约州哈德逊河以西、奥本尼西南方的一处高原。 54

康科德（Concord）——美国新罕布什尔州州府，1765 年起使用该名称。 49

L

罗马（Roma）——意大利首都、古罗马帝国的发祥地，位于意大利半岛中西部、台伯河下游平原地的七座小山丘上。建城日是公元前 753 年 4 月 21 日。 59

伦敦（London）——大不列颠及北爱尔兰联合王国和英格兰的首都、第一大城及第一大港，也是欧洲最大的都会区之一，公元 50 年左右建立。 63, 76

M

N

O

S

圣彼得大教堂（St. Peter's Basilica）——位于梵蒂冈的一座天主教圣殿，建于1506至1626年，为文艺复兴时期最杰出建筑与世界上最大的教堂，天主教会的重要象征之一。　61

T

特拉法加广场（Trafalgar Square）——英国大伦敦西敏市的著名广场，建于1805年。　32

W

沃特维尔（Waterville）——美国缅因州肯纳贝克县的一个城市，有“榆树城”之称。1802年6月23日设镇，1888年1月12日设市。　53

X

新奥尔良（New Orleans）——美国主要港口城市，位于路易斯安那州的南部，也是该州最大城市。建于1718年。因其数目众多的法式建筑、克里奥尔美食和丰富的音乐形式（爵士乐的诞生地）而闻名，也被人称为“美国最独特的城市”。　42

新罕布什尔州（New Hampshire）——位于美国新英格兰地区的一

个州，因该州盛产花岗岩，绰号“花岗岩州”。另外，也是因为这个州比较坚守传统观念，政府非常节俭。这个州的格言是“不自由，毋宁死”。1788 年 6 月 21 日加入联邦。 49

新英格兰（New England）——位于美国大陆东北角、濒临大西洋、毗邻加拿大的区域，包括缅因州、新罕布什尔、佛蒙特州、麻省、罗得岛州、康涅狄格州。 53

图书在版编目（CIP）数据

意志力／（美）奥里森·马登著；马文婷，张羽译．—— 上海：上海文艺出版社，2022

ISBN 978-7-5321-8484-2

Ⅰ．①意… Ⅱ．①奥… ②马… ③张… Ⅲ．①成功心理－通俗读物 Ⅳ．①B848.4-49

中国版本图书馆CIP数据核字（2022）第168183号

意志力

著　　者：[美国] 奥里森·马登
译　　者：马文婷　张　羽

责任编辑：蔡美凤
装帧设计：周艳梅
图文制作：孙　娌
责任督印：张　凯

出　　版：上海文艺出版社
出　　品：上海故事会文化传媒有限公司
（201101　上海市闵行区号景路159弄A座3楼　www.storychina.cn）
发　　行：北京中版国际教育技术装备有限公司
印　　刷：天津旭丰源印刷有限公司
开　　本：787毫米x1092毫米　1/32　印张6.5
版　　次：2022年10月第1版　2022年10月第1次印刷
I S B N：978-7-5321-8484-2/B.0089
定　　价：35.00元

故事会
大众文化出版基地
www.storychina.cn

想看更多精彩故事？
扫码下载故事会APP

上海故事会文化传媒有限公司 出品（00535）